Anne Krügers

Tricktraining
für jeden Hund

So kommen Sie in echten Kontakt mit Ihrem Hund nach der HarmoniLogie® Methode

Mit Fotos von Angela Kraft

Anne Krügers

Tricktraining
für jeden Hund

So kommen Sie in echten Kontakt mit Ihrem Hund nach der HarmoniLogie® Methode

Verständigung in Harmonie

1

Orientierung und Sicherheit

2

Ein Training mit Konzept

3

Die Trickschule für Hunde

4

Kleine Bühne, großer Applaus

5

Anhang

Titelfoto: Anne Krüger mit ihrem Hovawart Cooper.
Umschlag hinten: Anne Krüger mit ihrem Border Terrier Miss Marple beim Apportieren.

Der Weg zu Ihrem Hund

Das Besondere an der HarmoniLogie ist die Art der Kommunikation mit Ihrem Hund. Sie überwinden und verführen ihn nicht, sondern überzeugen ihn im aktiven Dialog. Dadurch lernen Sie sein individuelles Wesen kennen und gewinnen ihn als Partner, zu dem Sie jederzeit mit Leichtigkeit Kontakt aufnehmen können und der Ihnen aufmerksam zuhört.
Auf diesem Weg entwickeln Sie gemeinsam mit Ihrem Vierbeiner verschiedene Tricks und Kunststücke, die nicht nur verblüffend auf Ihre Umwelt wirken, sondern auch im Alltag häufig sehr nützlich sind. Außerdem fordern und beschäftigen Sie damit Ihren Hund auf sinnvolle Art und Weise – bis er vielleicht sogar die Ausbildung zum sozialen Diensthund absolviert.
In allererster Linie stehen die Kunststücke und Tricks jedoch im Dienst der Kommunikation. Sie bieten nicht nur den Anlass zum Dialog, sondern intensivieren und verfeinern diesen auch. Während Sie mit Ihrem Hund an einer Lektion arbeiten, wird er lernen, Ihnen zuzuhören – weil Sie direkt mit ihm kommunizieren und ohne vorgefasste Meinung seine Reaktionen ernst nehmen.
Als Basis für eine gelungene Partnerschaft sind Vertrauen und ein ausgewogenes Maß an Respekt nötig. Auch hier fungieren die Tricks der HarmoniLogie als Brücke: Im Lauf der Schulung entstehen bei Mensch und Hund Vertrauen und Respekt füreinander – die Voraussetzung für stabile, beständige Harmonie und Höflichkeit.
Im Dialog befindet sich der Hund auf meiner Ebene. Ich nehme ihn als einen gleichwertigen Dialogpartner wahr, der allerdings eine fremde Sprache spricht. Und nicht nur das: Er kommuniziert auch in einem anderen Tempo und hat ein anderes Zeitempfinden. Zukunft und Vergangenheit spielen eine unwesentliche Rolle – er lebt im Jetzt.
Für mich bedeutet die Arbeit mit meinen Tieren – den Pferden ebenso wie den Hunden –, dass ich mich auf dieses Jetzt einlasse. Das bringt mir einen enormen Gewinn an Lebensqualität; ich kann mit den Dialogen, die ganz im Jetzt stattfinden, der Zukunft und der Vergangenheit für eine kurze Zeit entfliehen. Solche »Little escapes« geben mir persönlich unendlich viel Kraft und Freude. Meine Tiere empfinde ich als frei und aktiv, und das erfüllt mich mit Glück und großer Dankbarkeit.

Ich möchte Sie, liebe Leser, dazu einladen, mich in meinem zweiten Buch über die HarmoniLogie* zu begleiten – auf dem Weg zum Hund und in die gemeinsame Freiheit.

Anne Krüger

* In »Besser kommunizieren mit dem Hund«, Gräfe und Unzer Verlag, stellt Anne Krüger ihre HarmoniLogie Methode vor.

Verständigung in Harmonie

Kapitel 1 DIE SCHÄFERIN ANNE KRÜGER BILDET IHRE HÜTEHUNDE AUF DEM KOMMUNIKATIVEN WEG DER HARMONILOGIE AUS.

Lernen und trainieren nach der HarmoniLogie

Die Basis des Vertrauens. Ein kleines Kind, das einen Kugelschreiber in der Hand hält, steht vor einem Erwachsenen. Der will den Kuli haben: »Komm, gib her.« Die kleinen Finger schließen sich fester um den Stift – da nimmt der Erwachsene dem Kind den Stift einfach weg. Eine normale und alltägliche Begebenheit: Überlegenheit aus körperlicher Stärke. Hergeben ist aber doch etwas anderes. Wenn wir eine aktive Beziehung mit dem Kind anstreben, die auf Vertrauen basiert, müssen wir mit ihm kommunizieren. In der beschriebenen Situation bieten wir ihm nicht einfach Schokolade im Tausch für den Kugelschreiber an, sondern versuchen, es in einem Dialog zu überzeugen, uns den Stift aktiv, freiwillig zu geben. Das kostet Zeit, schafft aber langfristig eine Atmosphäre von Respekt und Vertrauen.

Was Sie beachten sollten, **bevor Sie mit Ihrem Hund trainieren**

In der HarmoniLogie geht es ausschließlich um Lösungen, die von einer Vertrauensbasis aus auf dem kommunikativen Weg erreicht werden. Ohne Verführung oder Zwang soll der vierbeinige Schüler immer aus eigenem Antrieb die Lösung suchen und selbsttätig ans Ziel gelangen. Am Ende wird der Umgang mit Ihrem Hund von Leichtigkeit geprägt sein – sodass Sie ihn beim Spazierengehen oder im Restaurant nicht dauernd im Auge behalten müssen, sondern sich auf ihn verlassen und jederzeit mit ihm in Kontakt treten können.

Der direkte Dialog ist die unverzichtbare Basis

In der Erziehung von Tieren führen Hilfsmittel wie »Bestechung« durch Leckerbissen, Überwindung oder gar Gewalt durch Krafteinwirkung zwangsläufig zur Sprachlosigkeit und verhindern den aktiven Dialog. Leckerbissen und ähnliche vermeintliche Motivationshilfen verfälschen zudem die Reaktion des Hundes oder verführen ihn zu vorschnellen Antworten, obwohl er die Frage noch gar nicht verstanden und verinnerlicht hat.

Sind Sie dialogfähig?

Der Dialog als Grundlage der HarmoniLogie dient dem unmittelbaren Austausch von Informationen. Diese Gesprächsform stellt an den Ausbilder vielfältige Anforderungen: Er muss in der Lage sein, seine Fragen präzise und unmissverständlich zu formulieren, und er muss Geduld aufbringen, damit sein Schüler sich in der Dialogsituation zurechtfinden und seine Antworten unbeeinflusst von möglichen Erwartungshaltungen und äußeren Bedingungen anbieten kann. Darüber hinaus sollte er sich auch davor hüten, die Reaktionen und Verhaltensweisen des Tieres in Schubladen zu stecken, die er in seinem Kopf mit sich herumträgt; dies kann nämlich zu unzulässigen Schlüssen führen und das Gespräch in eine falsche Richtung leiten.

> Lassen Sie sich im Dialog mit dem Hund ohne vorgefasste Meinung ganz auf seine Reaktionen ein.

Unbefangen zuhören

Es erstaunt mich immer wieder, wie schwer uns Menschen ein echter, dynamischer Dialog fällt. Offenbar ist der Wunsch in uns sehr tief verwurzelt, unsere persönlichen Wirklichkeiten und Gefühle in die Kommunikation mit Menschen – und auch Tieren – einzubringen. Unbefangenes Zuhören und vorurteilsfreies Verarbeiten von Inhalten beleben jedoch den unverfälschten Fluss an Informationen. Bremsend wirken dagegen Äußerungen wie »Genau das habe ich selbst schon erlebt«, die jeder von uns schon zigfach von Gesprächspartnern gehört hat. Plötzlich dreht sich dann alles nur noch um deren Erfahrungen und Erlebnisse, aber nicht mehr um den ursprünglichen Gegenstand des Dialogs.

Erwartungshaltungen

Die vorgefertigen Bilder und Projektionen in unseren Köpfen sind auch in der Kommunikation mit dem Hund das größte und hinderlichste Problem. In der Regel lassen wir den vierbeinigen Partner weder ausreden, noch gönnen wir ihm Raum für seine eigenen Empfindungen. Unsere Erwartungshaltungen und das emotionale Korsett sorgen so im Handumdrehen für Missverständnisse und Fehlinterpretationen. Wenn ich den Hund auf meine Gefühle festlege, nehme ich ihm jede Chance, seine eigenen zu haben. Und fragen kann ich ihn ja nicht, wie er sich tatsächlich fühlt. Dabei ist ein sachlicher und weitgehend gefühls- und aggressionsfreier Weg zum Hund gar nicht so schwer. Wie er gelingen kann, erfahren Sie unter »Die sechs Spielkarten des Hundeverhaltens« (→ Seite 18).

TIPP

SO FUNKTIONIERT DIE VERSTÄNDIGUNG

Kommunizieren Sie mit Ihrem Hund durch leise, klare und reduzierte Signale. Dadurch fördern Sie seine Aufmerksamkeit und Konzentration. Auf laute und aggressive Töne wird er dagegen ablehnend reagieren; sie können für den Hund, dessen Gehör feinste Schwingungen wahrnimmt, sogar schmerzhaft sein. Kommunikation ist ein interaktiver Prozess und hängt vom Engagement beider Gesprächspartner ab.

Die häufigsten Hürden auf dem kommunikativen Weg

Aggressive Handlungen sind bei uns Menschen oft die Folge von Hilflosigkeit, wenn wir in einer Situation keine andere Reaktionsmöglichkeit sehen. Wir versuchen zuerst, Druck auf andere auszuüben, und reagieren zunehmend aggressiver, wenn das erfolglos bleibt. Aggressives Verhalten wiederum ist immer mit eingeschränkter Kommunikation oder gar völligem Abbruch des Dialogs gekoppelt: Jede Seite möchte ihre Argumente ins Feld führen und ist nicht bereit, die des Gegenübers anzuhören, geschweige denn, sich mit ihnen auseinanderzusetzen.

Unbeachtete Angebote. Mangelnde Fähigkeit zum Zuhören aufgrund von Aggression ist ein Phänomen, das verstärkt auch im Umgang mit Tieren auftritt. Aufgrund seines Gefühls der Hilflosigkeit gibt der Hundehalter seine Anweisungen im barschen Kommandoton und versucht sie oft noch durch Zerren an der Leine zu untermauern. Wenn ihm sein Vierbeiner dann interessante Angebote unterbreitet, kann es sein, dass er diese gar nicht mehr wahrnimmt.

Resignation. Macht ein Hund wiederholt die Erfahrung, dass seine Offerten nicht auf fruchtbaren Boden fallen, stellt er seine Kooperationsbereitschaft bald ein. Er lernt, die Gefühlsausbrüche des Menschen zu ertragen, wird aber sein unerwünschtes, gemaßregeltes Verhalten nicht aufgeben, weil er nicht versteht, was sein Mensch von ihm will.

Dialogpartner im Funkloch. Basis des erfolgreichen Dialogs ist die Gesprächsbereitschaft. Wenn mein Gegenüber abgelenkt und anderweitig beschäftigt ist oder mir signalisiert, dass es gar nicht zuhört, kann ich das einseitige Gespräch auch beenden. Das ähnelt dem Telefonat mit einem Handynutzer, der im Funkloch steckt. Man hat die ganze Zeit weitergesprochen, ohne zu bemerken, dass der Mobilpartner nicht mehr auf Empfang ist. Am Telefon wählt man die Zielnummer erneut, um das Gespräch wiederherzustellen. Im Dialog mit dem Hund läuft das meist anders. Das Ziel der Übung war etwa, dass er sich hinlegt. Hat er dies nicht wunschgemäß getan, wird die Lektion in der Regel wiederholt, jetzt aber mit deutlich mehr Nachdruck und meist auch aggressivem Unterton. Die elementare Frage, warum sein Hund nicht kooperiert, stellt sich der Halter oft gar nicht. Und doch ist genau das der Knackpunkt. Kann er nicht oder will er nicht? Im ersten Fall hat man das Signal offensichtlich nicht verständlich genug erklärt. Dem lässt sich relativ leicht abhelfen. Will der Vierbeiner aber nicht mitmachen, liegt der Verdacht nahe, dass er einfach nicht zuhört: Er sitzt im Funkloch. Es ist also wenig sinnvoll, lauter in den Hörer zu sprechen; vielmehr müssen der Kontakt und die Gesprächsbereitschaft zuerst wiederhergestellt werden.

Achtsamkeit, Vertrauen und Respekt. Da ich nicht zwei Fehler gleichzeitig kritisieren kann – hier das gescheiterte Hinlegen und die fehlende Achtsamkeit –, stelle ich die Lektion des Hinlegens zunächst hintenan und mache den Hund erst wieder achtsam. Ein achtsamer Hund ist gesprächsbereit – die unabdingbare Basis für alle Schulungsprogramme und Übungen, die dem kommunikativen Weg der HarmoniLogie folgen. Dieser baut auf eindeutige, präzise Sprache als Mittel der Verständigung, sodass körperliche Druckmittel und Lockangebote unnötig werden, und auf einen entspannten, respektvollen Umgang mit dem vierbeinigen Kumpel. Denn ohne Vertrauen und Respekt auf beiden Seiten kann es auf Dauer keine stabile und jederzeit reproduzierbare Gesprächsbereitschaft geben.

Lernen müssen beide Seiten. Im Gespräch mit seinem Hund muss auch der Mensch an sich arbeiten. Er muss lernen, die Ausdrucksformen seiner Körper- und seiner Lautsprache so zu koordinieren, dass sie einander nicht widersprechen und dass beim Hund keine Missverständnisse aufkommen. Dies kann er anhand der Reaktionen des Vierbeiners überprüfen und gegebenenfalls verbessern.

Eine harmonische Beziehung ist geprägt von gegenseitigem Respekt und tiefem Vertrauen.

Höfliche Distanz und steuerbare Nähe: die Basics der HarmoniLogie

Vertrauensvoll kuschelt sich das Lamm an die Mutter. Wenn diese aufsteht und ihm ein Signal gibt, darf das Kleine bei ihr trinken. Hat sie genug, ist nur ein kleines Zeichen nötig, und das Lamm hört auf.
In unserem Betrieb bringen Schafe manchmal Drillinge zur Welt. Reicht die Milch der Mutter nicht, ziehen wir eines der Jungtiere per Hand auf. Solche Flaschenkinder wachsen schnell. Im Alter von drei Wochen drängeln sie, rempeln mich an und treten mir auf die Füße, wenn ich ihnen die Flasche gebe. Es ist echt anstrengend, sich die quirligen Lämmer vom Leib zu halten. Bei den Schafmüttern läuft dagegen immer alles ganz locker und gesittet. Wie machen die das nur?

Das Spiel von Harmonie und Disharmonie

Schafe lesen keine Erziehungsratgeber und gelten generell nicht als sonderlich intelligent. Mich verblüffen immer wieder die Einfachheit ihrer Sprache, die Klarheit ihrer Regeln und die Verbindlichkeit ihres Sozialgefüges. Die Gesetze der Herde findet man auch bei den Hunden und bei anderen in Familien organisierten Tieren. Stets handelt es sich dabei um eine Symbiose von regulierbarer Distanz und steuerbarer Nähe, um die Balance aus Anspannung und Entspannung, oder anders formuliert: um das intelligente Spiel von Harmonie und Disharmonie. Die steuerbare Distanz und das gezielte Zulassen von Nähe scheinen für das Wohlbefinden und das soziale Miteinander dieser Tiere wichtig zu sein und bedeuten Respekt und Vertrauen.

Distanz und Nähe in Balance

Es fällt leichter, Nähe zuzulassen, wenn man bei Bedarf auch wieder Distanz herstellen kann. Sprachlich regeln wir Menschen das durch die Anrede: »Sie« bezeichnet steuerbare Distanz, »Du« drückt Nähe aus. Wird man ungefragt mit »Du« angeredet, kann das eine nicht immer erwünschte Distanzlosigkeit erzeugen. Und schon geht es einem wie mir mit meinen Lämmern, und es entsteht die Frage: Wie kann ich sie mir vom Hals halten?

Höfliche Distanz vermeidet Stress

Stellen Sie sich einmal folgende Szene vor: In der U-Bahn sind alle Sitzplätze belegt. Eine ältere Dame kommt herein. Ein junger Mann steht auf, tritt etwas zurück, dreht sich leicht zur Seite, zeigt auf den Sitzplatz und bietet ihn der Frau an. Ein Bild der Höflichkeit und des Respekts.
Die Körpersprache zählt. Beachten Sie die Details: Der Mann ist nicht frontal auf die Dame zugegangen, er hat, soweit möglich, einen respektvollen Abstand (oder Radius) zu ihr eingehalten und seine Körperachse seitlich so weit gedreht, dass nur eine Schulter, ein Ohr und die Augen sichtbar blieben. Er ist

aktiv geworden, hat ein Angebot gemacht und Höflichkeitssignale (→ Info, Seite 20) gesendet, die die Frau auch dann verstanden hätte, wenn sie eine andere Sprache sprechen würde.

Respekt unter Tieren. In unserem Freigehege leben Hunde jedes Alters. Es ist heiß, und im Schatten sind alle Plätze belegt. Ein erwachsener Hund fordert einen Welpen auf, seinen Platz freizugeben, indem er im Blick und in den Schultern leichte Anspannung zeigt. Der Kleine wird aktiv, steht auf, dreht sich etwas zur Seite und hält gebührenden Abstand.

Oder wenden wir uns der Pferdekoppel zu. Es ist Herbst, die Äpfel fallen von den Bäumen – begehrte Leckerbissen für die Pferde. Als sich ein rangniederer Wallach vordrängt, sendet eine Stute Warnsignale. Der Wallach wendet ihr daraufhin nur eine Schulter zu und wahrt den Abstand, den die Stute haben möchte. Die Stute entspannt sich und frisst ruhig weiter.

Solche Formen der Kommunikation finden wir nicht nur innerartlich, sondern auch zwischen verschiedenen Arten. Es sind Gesetze der Höflichkeit und des Respekts. Stets zielen sie auf regulierbare Distanz ab. Dabei spielt das Element Strafe nie eine Rolle: Beachtet der Angesprochene die Signale und reagiert entsprechend, löst sich die Spannung sofort auf.

Zu viel Nähe macht Probleme

Zwischen Mensch und Hund hingegen läuft es leider meist so, wie ich es bei der Aufzucht der Lämmer erlebe. Überwiegend begegnet man Haltern, die keinerlei Distanz zu ihren Tieren haben, wie auch die Hunde keine Distanz zum Menschen haben. Die unausweichliche Folge: Es wird gezogen, gezerrt, gebrüllt, bedrängt, gelockt und verführt, selten aber überzeugt. Dabei ist es ganz einfach, etwas Distanz einzufordern, um die erlaubte Nähe besser definieren und gestalten zu können. Man muss nur dem Gesetz der Natur folgen, das die Tiere längst verstanden haben.

Ein Bedürfnis nach Distanz schließt vertrauensvolle Nähe nicht aus: Selbst wenn zwischen Mensch und Hund eine enge Bindung besteht, müssen gegenseitige Höflichkeit und Respekt vorhanden sein.

Die sechs Spielkarten des Hundeverhaltens

Was die Karten verraten. Auf den ersten Blick mag das Bild von den Spielkarten fremd und abstrakt wirken; ich habe aber in meinen Schulungen immer wieder festgestellt, dass sich mit ihrer Hilfe vieles strukturieren und erklären lässt, was sonst eher verschwommen bleibt. Stellen Sie sich einmal vor, dass jedes Tier und jeder Mensch bei der Geburt ein Kartenspiel mit auf den Lebensweg bekommt. Jede darin enthaltene Karte steht für ein Verhaltensmuster und eine Reaktion; sie zeigt an, ob sich der Besitzer, der die Karte ausspielt, in bestimmten Situationen etwa passiv oder aggressiv, devot oder fordernd verhält. Neben den »Grundfarben« der Karten (→ rechte Seite) gibt es Mischformen und schließlich auch die Möglichkeit, mit zwei oder mehr Karten gleichzeitig zu spielen.

Vom richtigen Spiel mit den Karten **und verschiedenen Lernmustern**

Im Kartenspiel eines Hundes befinden sich sechs unterschiedliche Karten. Wie oft jede im Stapel vorkommt – welches Verhaltensmuster also vorherrscht –, hängt unter anderem von der Rasse und vom Charakter, aber auch von Alter und Reife des Hundes ab. Jede Karte ist für bestimmte Situationen und Aspekte wichtig. Während der Ausbildung sollte ein vierbeiniger Schüler die Karten immer nach eigenem Ermessen ausspielen dürfen. Anfangs werden seine Entscheidungen (= Reaktionen) oft nicht den Zielen des Trainers entsprechen; sie verraten diesem aber die individuellen Strategien und Lernmuster des Hundes. Im Lauf der Schulung motiviert der Trainer den Vierbeiner dazu, immer diejenige Karte auszuspielen, die gerade erwünscht ist.

Diese Karten kann jeder Hund ausspielen

Zur Grundausstattung des Hundes gehören genau diese sechs Karten, die er sein Leben lang behalten wird. Als Hundehalter sollen Sie zunächst lernen, die Karten richtig zu lesen, um den Hund im Training so zu schulen, dass er versteht, wann welche Karte erwünscht ist.

- Karte 1: Passivität
- Karte 2: Drängen und Bedrängen
- Karte 3: Flucht und Meidung
- Karte 4: Abwehr
- Karte 5: Devotes Verhalten
- Karte 6: Aktives Angebot (Joker)

Karte 1: Passivität

Die Karte Passiv spielt der Hund aus, wenn er einfach gar nicht reagiert. Dahinter kann ein phlegmatisches Wesen, eine grundsätzliche charakterliche Neigung zu Passivität stecken. Häufig wird die Reaktion aber auch durch einen Überschuss an Adrenalin hervorgerufen, die den Hund in eine Art Starre versetzt. Im Unterschied zum Fluchttier Hase, der sich ins Feld duckt, wenn er Gefahr wittert, spielt das Raubtier Hund oft kurz nach der Passivkarte die Abwehrkarte aus. Der Nutzen der Passivkarte liegt in der Ruhe, die sie hervorbringen kann. Sie ist in Lektionen erwünscht, in denen der Hund geduldig liegen bleiben soll, etwa im Restaurant.

> Ein Hund hat im Wesentlichen sechs Reaktionsmöglichkeiten, wenn er sich angesprochen fühlt.

Karte 2: Drängen und Bedrängen

Mit Drängen und Bedrängen als Folge von Distanzlosigkeit werde ich bei den Flaschenkindern unter unseren Lämmern (→ Seite 16) regelmäßig konfrontiert. Bei Hunden zeigt sich diese Distanzlosigkeit in einer allzu stürmischen Begrüßung, in ständigen Spielaufforderungen, im unaufgeforderten Herbeibringen von Spielzeug, im Anspringen, Rempeln,

> **INFO**
>
> **HÖFLICHE ELEMENTE DER KÖRPERSPRACHE**
>
> Wer mir frontal gegenübertritt, wirkt eher forsch denn respektvoll. Höfliche Menschen und Hunde drehen ihre Körperachse – die horizontale Linie der Schultern – leicht zur Seite, sodass nur noch ein Ohr und eine Schulter vorn sind. Man hält einen gewissen Abstand (Radius) ein, der bei Menschen etwa einer Armlänge entspricht. Der Körper von Kopf bis Fuß (Lot) kann respektvoll gebeugt werden.

Ablecken, nervtötenden Fiepen und Anbellen, aber auch im Zerren an der Leine, weil gerade etwas anderes interessanter ist als ihr Mensch. Die Karte (Be-)Drängen ist andererseits diejenige, die Bindung überhaupt ermöglicht. Ein verschmuster Hund mag drängen, aber das fühlt sich für den Menschen oft ganz wunderbar an; dann kann die Karte erwünscht sein.

Karte 3: Flucht und Meidung

Die Karte Flucht und Meidung wird von Hunden viel schneller und häufiger ausgespielt, als selbst langjährige Hundehalter annehmen. Weglaufen ist sicherlich die offensichtlichste und eindeutigste Fluchtreaktion. Ein oft übersehenes Meidungsverhalten besteht darin, dass der Hund den Blickkontakt zum Menschen abbricht und zur Seite schaut. Weitere Fluchtreaktionen: Der Hund macht sich klein und möglichst unsichtbar, verkriecht sich, springt zur Seite, zerrt hysterisch an der Leine. Flucht ist nicht nur eine extrem wichtige Überlebensstrategie für jedes Lebewesen, sondern – wenn die Karte in Maßen ausgespielt wird – auch ein Zeichen für gesunde Distanz und Respekt.

Karte 4: Abwehr

Viele Abwehrreaktionen des Hundes haben einen aggressiven Charakter. Imponieren, massives Drohen oder tatsächliche körperliche Angriffe bieten ihm die beste Chance, sich unliebsame und zudringliche Zeitgenossen – Menschen wie Tiere – vom Hals zu halten. Bei den Kaniden, den Hundeartigen, ist die Palette des Abwehrverhaltens breit gefächert. Es drückt sich im Halten des Blickkontakts (Fixieren) bei aufgestellten Ohren, versteiftem Genick und durchgedrückter Rückenpartie, im Abstoßen mit Pfoten und Krallen, Zähnefletschen, Knurren, Zuschnappen und Beißen aus. Nicht selten setzt Abwehrverhalten kaum merklich ein und wird vom Menschen zunächst nicht als bedrohlich empfunden. Etliche unserer Lektionen bauen auf der Karte Abwehr auf (→ ab Seite 104); sie ist keineswegs ein Schreckgespenst, sondern gehört zur »Vollausstattung« eines Raubtieres dazu.

Karte 5: Devotes Verhalten

Devotes Verhalten ist für Hunde und andere Rudeltiere typisch und bei manchen Rassen besonders ausgeprägt. Dazu zählen Unterwürfigkeitsgesten, schleichende, zeitlupenartige Bewegungen, gehemmter Blickkontakt, gekrümmter Rücken und eingeklemmte Rute. Doch die Karte Devot ist nicht so schlecht wie ihre Presse. Sie bedingt beim Hund die Fähigkeit, sich in eine Struktur einzuordnen, und beeinflusst damit auch die grundsätzliche Gelehrigkeit von Tieren.

Karte 6: Aktives Angebot (Joker)

Das aktive Angebot beinhaltet Achtsamkeit und Gesprächsbereitschaft des Hundes und ist daher die ideale Basis für den Dialog. Weil die Karte flexibles Spiel in unterschiedlichen Situationen erlaubt, betrachte ich sie als Joker. Der Hund sendet Höflichkeitssignale, hält Blickkontakt zum Menschen und präsentiert eine Schulter; die andere ist weggedreht. Die Rute wird unterhalb der Waagerechten gehalten und wedelt aktiv. Der Hund signalisiert, dass er bereit ist, Abstand zu halten, aber auch gern herbeikommt. Einen Hund zum aktiven Unterbreiten von Angeboten zu schulen, ist die lohnendste Lektion der HarmoniLogie. Man kann mit solchen Hunden jederzeit in den Dialog treten und sie auch in schwierigen Situationen mit Leichtigkeit lenken. Sie suchen von sich aus den Kontakt und ruhen in sich. Der Umgang mit ihnen ist etwas Besonderes.

Auch der Mensch kann vorsichtig und höflich sein, wenn er den Hund berühren möchte. Geben Sie diesem Zeit, die streichelnden Hände anzunehmen.

Spielt Ihr Hund immer die richtige Karte?

Welche Karte Ihr Hund auch ausspielt, fragen Sie nicht nach dem Grund dafür. Die meisten Missverständnisse entstehen, weil eine Karte, ein gezeigtes Verhalten, vom Menschen nicht einfach gelesen und für erwünscht oder unerwünscht erachtet, sondern umgehend interpretiert wird. Viel wichtiger ist es jedoch, dem Tier eine Rückmeldung zu geben, die verdeutlicht, dass noch mehr Karten in seinem Stapel liegen und man in der momentanen Situation eine andere sehen möchte.

Falsches Spiel und die Ursachen

Ein Hund, der sich angesprochen fühlt, hat ein Repertoire verschiedener Karten oder Reaktionen zur Verfügung. Uns Menschen fällt es unglaublich schwer, das Verhalten des Hundes nicht mit unserer Gefühlswelt in Beziehung zu setzen. Keine Frage, Hunde sind zu tiefem Empfinden fähig, so wie wir Menschen echte, innige Gefühle für unsere Vierbeiner entwickeln. Doch ebenso gewiss ist, dass noch keiner meiner Hunde je etwas getan hat, nur um mich zu ärgern, und genauso wenig etwas, nur weil er mich liebt.

Aggressiv oder devot. Ein bissiger Hund hat es in mühevoller Kleinarbeit gelernt: Immer wenn ihn der Mensch bedrängt hat, hat er die Abwehrkarte gezogen – vielleicht nur, weil sie auf seinem Kartenstapel ganz oben lag. Gibt der Halter in solchen Situationen keine Rückmeldung, dann schließt sein Hund daraus, dass er die richtige Karte ausgespielt hat, und speichert das Verhalten ab. Entsprechend erzieht man seinen Vierbeiner zielsicher zum devoten Hund, wenn man auf die devote Karte nicht oder missverständlich reagiert.

Weglaufen und meiden. Ein Hund, der zum Weglaufen neigt und in jeder für ihn unüberschaubaren Situation Meideverhalten zeigt, wird von seinem Menschen schnell für ängstlich und scheu gehalten. Mit dieser Einschätzung verliert der Halter nicht sein Gesicht, wenn er anderen das »peinliche« Verhalten seines Hundes beichten muss. Selten kommt der Mensch auf die Idee, dass sein Hund das Ausspielen der Fluchtkarte als richtig erlernt hat, weil sein Mensch daraufhin immer das unangenehme Verhalten eingestellt hat.
Passiv. Passives Verhalten eines Hundes wird von seinem Menschen meist mit Außenreizen begründet: Dem Hund sei es im Sommer zu heiß und im Winter zu kalt, oder er sei von der läufigen Hündin abgelenkt und könne gar nicht auf seinen Menschen reagieren. Dass seine Passivität in Wirklichkeit Folge der Erziehung ist, kann der Vierbeiner nicht sagen.

Nur wenn die Verständigung mit dem Hund reibungslos klappt, kann man erfolgreich arbeiten.

Spielregeln und Hilfen

Mit unserem neuen Kartenspiel lässt sich der Dialog mit dem Hund sachlicher gestalten. Wir lernen dabei, seine Antworten mit Respekt zu behandeln und nicht mit unseren vorgefertigten Ideen zu befrachten.
Die Fragestellung. Das Spiel mit den Karten ist einfach und folgt keinen komplizierten Spielregeln. Stellen Sie sich vor, Sie tragen ein Tablett mit Gläsern aus der Küche ins Wohnzimmer, doch in der Tür liegt Ihr Hund. Sie bitten ihn, den Weg frei zu machen. Dazu verwenden Sie ein Signal, etwa: »Zur Seite, bitte.«
Hilfen und Signale. Findet der Hund nicht die richtige Antwort auf Ihre Fragestellung, stehen Ihnen zwei richtungsweisende Hilfen zur Verfügung, um ihn zur Lösung zu lotsen (→ Seite 39): Die Grundform der treibenden (schiebenden) Hilfe ist ein leises Brummen oder Knurren. Die ziehende Hilfe ist der Name des Hundes. Wie intensiv die Hilfe ausfällt, hängt unter anderem davon ab, welche Karte der Hund zeigt. Zudem gibt es viele Signale, von denen jedes für eine konkrete Lösung steht (→ Seite 56). Wenn Sie mit dem Gläsertablett vor dem Hund stehen und er geht nicht zur Seite, brauchen Sie die treibende Hilfe, die Distanz fordert: Sie knurren ihn an.
Welche Karte wird gespielt? Den Joker, die erwünschte Karte, spielt Ihr Hund nun aus, wenn er auf Ihr leises Knurren sofort reagiert, aufsteht, Sie freundlich anschaut, mit dem Schwanz wedelt und Ihnen dann, auf die Wiederholung Ihres Signals hin, Platz macht. Ein devoter Hund geht geduckt zur Seite, ohne mit Ihnen Blickkontakt aufzunehmen. Vielleicht bedrängt Ihr Hund Sie auch; dann müssen Sie als Nächstes Glasscherben zusammenkehren. Reagiert er mit Abwehrverhalten, geben Sie wahrscheinlich klein bei und gehen durch eine andere Tür ins Wohnzimmer.
Bitte sachlich bleiben! Nehmen Sie die Reaktion Ihres Hundes nicht persönlich. Sie hängt allein von den sechs Möglichkeiten ab, die ihm zur Verfügung stehen. Mitbestimmt wird sein Verhalten von der Entwicklung und Festigung seines Lernmusters. Diesen Prozess können Sie durch gezieltes Begrenzen oder Erweitern des Handlungsspielraums, den Sie dem Hund zugestehen, beeinflussen. Wenn Sie jede seiner Aktionen und Reaktionen sachlich beurteilen, fällt es Ihnen leicht, erwünschte von unerwünschten, manchmal sogar kontraproduktiven Karten zu trennen.

Dieser Hund macht seinem Menschen ein formvollendetes »Kompliment«. Die Übung trainiert nicht nur Körper und Geist, sondern stellt auch die starke Bindung unter Beweis.

Zielgerichtet navigieren im Dialog mit dem Hund

Behalten Sie den Überblick. Früher bin ich weite Strecken mit dem Autoatlas auf den Knien gefahren. Heute habe ich ein Navigationsgerät. Es gibt mir Sicherheit, und ich kann Verantwortung abgeben, selbst wenn ich mich mal verfahre. Die Stimme bleibt auch dann noch höflich und ruhig, wenn ich ihren Anweisungen zuwiderhandle. Ich vertraue ihr, denn am Ende hat sie meistens recht.

Auch als Trainer sollte man zunächst sein Ziel kennen – sich also dessen bewusst sein, wohin man letztendlich will. Aber schon bald muss der Weg im Vordergrund stehen, damit man nicht die falsche Abzweigung wählt. Das Einlassen auf den Weg ist vergleichbar mit einem Einlassen auf das Jetzt. Vorher und Nachher verblassen, nur das Jetzt zählt. Dies ist entscheidend für den Dialog.

Wichtige Tipps, damit Sie im Training **nicht vom Weg abkommen**

Eine Frage, die ich dem Hund stelle, bekommt im Jetzt eine Antwort, die es einzuordnen gilt. Lese ich diese als unerwünschte Karte, muss ich die Fragestellung so variieren, dass sich am Inhalt nichts ändert, aber die Art der Frage den Hund zu einer neuen Antwort ermutigt.

Navigieren Sie Ihren Hund durchs Kartengewirr

Stellen Sie sich das System der Karten wie einen Hausflur vor, von dem sechs Räume abgehen. Jeder Raum symbolisiert eine der Karten. Nun geht es darum, dass Sie schnell und deutlich die Türen zu unerwünschten Räumen verschließen und die richtigen öffnen.

Im ausdauernden Dialog zum Ziel

Die Antwort des Hundes nur zu lesen, aber nicht zu deuten, ist oft schwerer, als es scheint. **Beispiel: Hinlegen.** Der Hund soll das Hinlegen (→ Seite 71) erlernen. Sein Mensch hockt am Boden und nimmt Kontakt auf. Daraufhin klettert ihm der Hund fast auf den Schoß. Anstatt ihn nun zu streicheln und zu beruhigen – eine typische Reaktion, die aber auf den Hund wie ein Lob wirkt –, erkennt der Hundehalter, dass hier die Karte Bedrängen gezogen wird. Diese ist im Moment unerwünscht; der Kleine soll sich ja hinlegen. Das Verhalten wird also nicht bestätigt. Eine kleine treibende Hilfe – ein leises Knurren, ein »Nein« oder ein »Na« – fordert Distanz, ein hörbares Ausatmen erzeugt gleich wieder Entspannung. **Versuch und Irrtum.** Als Nächstes schnüffelt der kleine Hund auf dem Boden herum und zieht an der Leine – immer noch distanzloses Verhalten, also die Karte Bedrängen. Mit einer weiteren treibenden Hilfe und der Begrenzung durch die Leine wird der Hund achtsam gemacht und hört aufmerksam zu. Der Trainer gibt das Signal zum Hinlegen (»Leg dich bitte«) und – nach einer leisen Ankündigung

> Bleiben Sie ruhig und geduldig, bis Ihr Hund aus eigenem Antrieb zur richtigen Lösung gelangt ist.

durch »Na« – unterstützend eine kleine Pressur mit Daumen und Zeigefinger im Nackenmuskel des Hundes. Nun versucht der Hund, die Hand im Genick abzustreifen, und stößt mit den Pfoten danach – die Karte Abwehr. **Ruhig bleiben.** Der Trainer hält durch. Der Hund sucht die Lösung im Hinlegen, dreht sich aber alsbald auf den Rücken und wendet den Kopf ab – nun versucht er es mit der Karte Devot. Der Trainer nennt ihn beim Namen und versucht, ihn mit dieser ziehenden Hilfe (→ Seite 39) in Brustlage zu holen. Aber der Vierbeiner reagiert überhaupt nicht: Er spielt die Passivkarte. Mit einer treibenden Hilfe wird er schließlich aktiviert, reagiert auf die nochmalige ziehende Hilfe und findet in

Brustlage. Nun hat er ein Lob verdient und darf sich abstreichen lassen! Streichen Sie ihm sanft übers Gesicht, von der Nase zu den Ohren bis über den Rücken – das regt seine Reflexzonen an und wirkt sehr entspannend.

Ein Navi für Schafe

Wie man Tiere richtig lenkt, möchte ich am Beispiel meiner Schafe erklären. Diese sind von Natur aus scheu und lassen sich nicht ohne Weiteres vom Menschen anfassen. Als Schäferin muss ich meine Herden daher regelmäßig durch die Behandlungsanlage bringen – eine variable Konstruktion aus Gattern und Toren, die den Tieren den notwendigen Weg zeigt, Fluchtwege aber verschließt. Am Ziel kann ich sie begutachten, gegen Parasiten behandeln und die Zuchteinteilung machen.

Die Wegführung. Zunächst gibt es einen großen Vorpferch, in den alle Tiere hineinpassen. Von dort führt der Weg durch ein einzelnes Tor in den Rundpferch. Dieser ist viel kleiner und nimmt gerade mal 15 bis 20 Tiere auf. Hier können die Tiere schon besser erkennen, wie der Weg weiter verlaufen wird. Das Tor aus dem Rundpferch wiederum ist gerade groß genug, dass ein einzelnes Schaf hindurchpasst, und führt in den Behandlungsgang. Dieser bietet Platz für vier oder fünf Schafe hintereinander und ist durch Sichtschutzgatter begrenzt. Nun lenkt der Weg die Schafe geradeaus durch ein Zwei-Wege-Sortiertor zum Ziel. Hier kann ich sie in Gruppen sortieren, ohne sie anfassen zu müssen.

Sanft und ohne Gewalt. Für mich als Schäferin ist ein gewaltfreier, kraftschonender und artgerechter Umgang mit meiner Herde existenziell. Alles, was meine Schafe stresst oder beunruhigt, fühlt sich nicht nur schlecht an, sondern führt auch zu wirtschaftlichen Einbußen. Je weniger Abzweigungen die Tiere zur Auswahl haben, umso sicherer und entspannter finden sie den Weg. Die Behandlungsanlage steht sinnbildlich für die Navigation.

Als Team auf dem Weg in die eigene Spur – ein Bild der Harmonie zwischen Mensch und Hund.

Bindung und Respekt

Wir arbeiten mit zwei Ebenen: der Bindungsebene und der Respektsebene. Beide sind für zielgerichtetes, zeitsparendes und effektives Arbeiten im Sinne artgerechter Tierhaltung von großer Bedeutung.

Bindungsebene als Basis. Schafe sind Herdentiere, daher ist die Bindungsebene entscheidend für den Erfolg meines Vorhabens. Die Leitschafe haben eine Bindung zu mir. Rufe ich sie, dann folgen sie. Die anderen

300 bis 400 Schafe wiederum folgen den Leitschafen. Tritt jedoch eine Irritation auf der Bindungsebene auf oder ist die Bindung nicht stark genug, kann der Fluss der Herde sowie die Kooperation zum Erliegen kommen.

Hier kommt die Respektsebene ins Spiel. Die Schafe müssen verstehen, dass sie in jedem Fall den von mir geplanten Weg gehen, also meiner Spur folgen müssen. Ist ihr Respekt zu schwach, bleiben sie stur stehen oder greifen sogar die Hunde oder Treiber an. Gern springen sie auch mit einem vermeintlichen Grinsen im Gesicht an ihnen vorbei und lassen sich nicht lenken. Ist ihr Respekt andererseits zu stark, springen sie kopflos gegen die Gatter und rennen sich gegenseitig über den Haufen. Beides darf nicht der Fall sein.

Balance ist notwendig. Für ein glückendes Manöver müssen Bindungs- und Respektsebene im Gleichgewicht sein. Verliert etwa das letzte Schaf den Kontakt zu den anderen, wird es sich verschreckt im Kreis drehen. Nun kann ich treiben, soviel ich will, das Schaf wird den Eingang nicht sehen. Treibe ich aber weniger, fordere also weniger Respekt ein, kann das Schaf selbstständig das offene Tor als Lösung erkennen und ohne körperlichen Zwang den freien Weg als eigene Idee verinnerlichen. Das Gespür dafür, wann eine der beiden Ebenen aus dem Lot gerät, ist von zentraler Bedeutung für die Navigation zum Ziel.

Promptes Feedback ist gefragt

Auf das Tierverhalten gilt es immer schnell zu reagieren, damit das Tier den Bezug zu seinem Verhalten erkennt. Nur unmissverständliches Verschließen oder Öffnen von Türen führt ans Ziel. Verschwenden Sie auch deshalb keine Zeit mit Interpretationen. Ist die Karte Flucht unerwünscht, muss die entsprechende Tür verschlossen werden, etwa durch eine Leine, einen geschlossenen Raum oder einen Zaun. Wiederholt der Trainer nun, ähnlich wie die Stimme in meinem Navi, ruhig die gleiche Aufforderung, dann wird sich der Hund erinnern, dass die Fluchttür verschlossen ist, und eine neue Lösung suchen. Versucht der Schützling jetzt zu bedrängen, fordert man von ihm mehr Distanz. Versucht er es mit Abwehr, gibt der Trainer ihm klar zu verstehen, dass sein Verhalten unerwünscht ist und sich nicht lohnt. Ist der Hund passiv, dann muss er zunächst einmal zu aktivem Verhalten ermutigt werden, und ist der kleine Freund devot, braucht er auch kein Mitleid, sondern eine erneute Aufforderung zu aktivem Verhalten, das er dann als Erfolg abspeichern kann.

> Das Gefüge aus Bindung und Respekt ist artübergreifend und gilt für Schafe wie Hunde gleichermaßen.

Lernmuster erfahren. In der HarmoniLogie geht es nicht darum, Kunststücke aneinanderzureihen, um Effekte zu erhaschen. Die Tricks ermöglichen vielmehr die geregelte Auseinandersetzung mit dem Hund in Form eines Dialogs im Jetzt. So spüre ich schnell, ob sich der Hund beim Erlernen der Rolle verspannt, ob er mit Abwehr kontert, passiv bleibt oder die Flucht wählt. Dabei erfahre ich sein individuelles Lernmuster und kann ihn in Zukunft gut einschätzen und lenken. Interpretieren muss ich nichts. Die Stimme im Navi versucht auch nicht herauszufinden, aus welchem Grund ich ihren Vorschlag missachte und lieber links abbiege; sie bemüht sich, mich schnell wieder auf den richtigen Weg zu bringen. Und ich vertraue ihr.

Das Prinzip der Aktivierung

Auf unserem Grundstück gibt es etliche Teiche, die unter anderem wilde Kanadagänse beheimaten. Jedes Frühjahr kehren die Gänse zu uns zurück, organisieren sich und teilen ein, wer in welchem Teich schwimmen darf. Das ist nicht nur ein beeindruckendes kleines Naturschauspiel, sondern bietet auch anschauliche Lehrstunden zur Aktivierung.

Kanadagänse im Teich. Ganter A hat einen Teich zu seinem erkoren. Ganter B möchte jedoch auch hier paddeln. Das missfällt Ganter A – mit einer noch leisen treibenden Hilfe fordert er von dem Eindringling mehr Abstand. Dieser reagiert nicht. Nach deutlichen Warnsignalen setzt Ganter A eine andere, impulsive treibende Hilfe ein: Er macht drohende Geräusche, einen langen Gänsehals und schlägt imponierend mit den Flügeln auf das Wasser. Der Eindringling versteht und vergrößert von sich aus den Abstand zu Ganter A. Dieser beendet sofort seine treibende Hilfe und paddelt vergnügt und fröhlich weiter. Der Eindringling wird nicht über das erreichte Ziel hinaus verfolgt oder für seinen Fehler bestraft, es herrscht auch keine missmutige Stimmung. Gewiss fliegen die beiden nächstes Mal wieder gemeinsam in den Süden.

Schafe am Elektrozaun. Oder stellen Sie sich eine saftige grüne Weide vor, auf der wohlgenährte Schafe grasen. Für Begrenzung sorgt ein gut sichtbarer Weidezaun, durch den Strom fließt. Meine Schafe sind – wie vermutlich alle – davon überzeugt, dass das Gras außerhalb des Zaunes besser schmeckt. Jeden Tag testet nämlich mindestens ein Tier aus der recht großen Herde, ob genug elektrische Spannung auf dem Zaun ist. Das Schaf weiß zwar, dass dies sehr unangenehm werden kann, kann aber trotz aller Warnungen nicht widerstehen, die Nase an den Draht zu halten – und erhält prompt einen Stromschlag. Das Tier erschrickt kurz und springt zurück. Was macht nun der Stromzaun? Natürlich bleibt er passiv. Er verfolgt das Schäfchen nicht voller Wut über dessen Verhalten. Nein, das Tier hat die Lösung gefunden. Das genügt. Ähnlich wirkt das Prinzip der Aktivierung.

Verlagerung der Verantwortung

Aktivierung zielt darauf ab, die Verantwortung für das Verhalten schrittweise auf den Urheber zu verlagern, und wird nicht nur angewandt, wenn ein Hund zu mehr Distanz erzogen werden soll, sondern auch, wenn mehr Nähe erreicht werden soll. Im Lauf der Ausbildung wird der Trainer allmählich passiver und ruhiger, während der Hund die Lösung immer aktiver sucht und findet. Die Aktivität, oder der Weg, ist wichtiger als die

Hier spürt man die Begeisterung füreinander. Der Schlüssel zu einer gelungenen Partnerschaft ist eine starke Bindung.

Lösung, das Ziel. Kurzfristig kann jedem die Lösung gezeigt werden; damit sie aber langfristig verinnerlicht und im Gedächtnis abgespeichert wird, muss sie »erarbeitet« werden. Dabei lernt der Hund ganz nebenbei, dass aktives Bemühen durch Erfolg belohnt wird – diese Erkenntnis ist ungemein motivierend.

Im Dialog bleiben. Die Interaktion zwischen Fragendem und Gefragtem setzt Aktivität auf beiden Seiten voraus. Wenn Sie jemanden ansprechen, erwarten Sie eine Reaktion, die möglichst Aufmerksamkeit beinhaltet. Gerät der Gesprächspartner am Telefon in ein Funkloch, stört dies den Informationsfluss, und die Verbindung muss wiederhergestellt werden. Erst wenn beide Dialogpartner erneut füreinander aktiv sind, können weitere Informationen ausgetauscht werden.

Zwischenerfolge würdigen

Wenn ein Hund erkennt, dass er eine unerwünschte Karte gezogen hat, und daraufhin ohne weitere Aufforderung aktiv eine andere anbietet, ist dies als sehr positiv zu bewerten. Steht Ihr Hund zum Beispiel passiv vor Ihnen und Sie treiben ihn weiter, kann es sein, dass er jetzt die Karte Bedrängen wählt. Diese ist zwar noch nicht die erwünschte, aber der Hund zeigt eine Aktivität – ein kleiner Zwischenerfolg! Wenn Sie nun den Hund zu noch etwas mehr Aktivität ermutigen und etwas mehr Distanz einfordern, zieht er vielleicht bereits die erwünschte Karte Aktives Angebot – und hat die Lösung gefunden.

Freude am Suchen. Hunde sind verschieden, doch in der Regel werden sich alle nach dem Prinzip des Angebotes bemühen, eine offene Tür zu finden. Verschlossene Türen versuchen sie nicht mit Gewalt zu öffnen, sondern wenden sich der nächsten zu. Die Hunde akzeptieren, dass ich ihnen einen Weg verschließe, weil sie darauf vertrauen können, dass ein anderer offen steht. Und das Schöne ist: Sie suchen immer schneller selbst nach diesem.

Lösungen und Vertrauen. Viele unserer Lektionen basieren auf dem Prinzip des Öffnens und Verschließens von Wegen oder Türen – mit dem Ziel, dass der Hund die gefundene Lösung als seine eigene Idee annimmt und abspeichert. Wichtig ist, dass im Prozess der Schulung eine Veränderung seiner Antworten spürbar wird. Solange der Hund noch nicht die richtige Antwort gefunden hat, regen Sie ihn durch neue Fragestellungen weiterhin an, Lösungen anzubieten.

Der Dialog mit dem Hund ist letztlich viel faszinierender als jeder gelernte Trick. Doch das wunderbarste Gefühl unserer Arbeit ist das Vertrauen, das die Hunde in ihre Menschen haben – das Vertrauen, dass immer eine Lösung garantiert wird.

WARTEN SIE IM DIALOG AUF DIE ANTWORT DES HUNDES

TIPP

Wenn Sie Ihren Hund mit dem Namen rufen, ihm also die ziehende Hilfe geben, erwarten Sie seine absolute Aufmerksamkeit als korrekte Antwort. Doch auch aktives Lob (→ Seite 44) muss von ihm »beantwortet« werden. Beenden Sie es erst, wenn der Hund darauf aktiv reagiert – so wissen Sie, dass es bei ihm angekommen ist. Bald wird das bloße Nennen seines Namens ein Wedeln hervorrufen.

Die Sprache als Element für den Dialog

Mit zehn unserer Hunde reisten wir vor einiger Zeit dienstlich nach Oman. Die Omanis haben eine tief sitzende Furcht und Abneigung, was Hunde betrifft, und so wurden wir überall misstrauisch beäugt. Manche Männer sprachen uns an – Soldaten, deren Gesten unpräzise und etwas ängstlich wirkten. Was sie genau wollten, war nicht klar. Doch dann trafen wir inmitten all dieser arabisch sprechenden Menschen auf einen taubstummen

> Die Kommunikation zwischen Mensch und Tier läuft auf mehr Ebenen ab, als uns bewusst ist.

Mann – klein und dicklich war er und gab nur quietschende, glucksende Geräusche von sich. Auch er hatte offenbar ein wenig Angst vor den Hunden; gleichzeitig war er aber neugierig auf sie. Als er sich an uns wandte, verstanden wir ihn sofort. Es dauerte keine fünf Minuten, dann saß er inmitten der Hundeschar, gluckste vergnügt und ließ sich von einem schwer bewaffneten Soldaten fotografieren.

Sprache funktioniert nicht nur durch Wörter

Dieser fröhliche kleine Omani war gewohnt, anderen ohne Worte verständlich zu machen, was er meinte. Er konnte so reduziert und klar über alle Sprachgrenzen hinweg kommunizieren, dass mir unsere komplizierte Sprache fast peinlich war. Doch nicht nur das – über seine gestärkte visuelle Wahrnehmung konnte er außerdem unglaublich gut »zuhören«.

Die Augen. Kommunikation findet nicht nur durch Wörter statt. Im visuellen Bereich kommuniziert man über das Lot, die vertikale Linienführung des Körpers vom Scheitel bis zur Sohle, ebenso wie über die Achse, die Horizontale, die die Schultern im Verhältnis zu Brustbein und Stirn bilden. Auch Bewegungsrichtungen (→ Seite 32) und Spannungsfelder (→ Seite 46) werden in der Regel durch Sichtzeichen (→ Info, Seite 33) vermittelt.

Die Ohren. Die akustische Sprache findet nicht nur verbal – also durch Wörter –, sondern auch durch Pfeifen oder mittels reiner, einfacher Lautgebung wie Knurren statt.

Die Nase. Und schließlich gibt es noch eine Sprache, die wir nicht beeinflussen und oft auch nicht bewusst wahrnehmen können, die aber sehr authentische, manchmal die entscheidenden Informationen transportiert. Ihre Signale werden über den Körpergeruch ausgesendet und über die Nase wahrgenommen. Für den feinen Geruchssinn des Hundes lässt sich diese »Duftnote« nicht manipulieren. Dies erklärt, warum der Hund oft vor dem Menschen weiß, welche Stimmung herrscht.

Der Körper. Um eindeutig und ohne Missverständnisse mit dem Hund zu kommunizieren, müssen akustische und visuelle Sprache übereinstimmen. Man kann nämlich nicht nur durch die Stimme, sondern auch durch den Körper Ruhe und Höflichkeit ausdrücken. Machen Sie dazu langsame, gleichmäßige, von Entspannung geprägte Bewegungen und folgen Sie klaren Bewegungsmustern, die sich an Ihrem Ziel orientieren. Ein Körper, der mehr Abstand einfordert, bewegt sich nicht von seinem Gegenüber weg, sondern vielmehr tendenziell nach vorn, auf sein Gegenüber zu. Entspannung können Sie – insbesondere einem kleinen Dialogpartner wie einem Kind oder eben einem Hund – vermitteln, indem

Gibt es etwas Schöneres, als sich mit seinem Hund einig zu sein? Man liegt auf einer Wellenlänge, unterhält sich in einer gemeinsamen Sprache und hört einander zu.

Sie sich in die Hocke begeben (also das Lot knicken). Das Brechen Ihrer Linien löst alle Spannungsfelder auf. Ein rückwärts gehender Körper lädt dagegen zum Herkommen ein.

Kommunikation schulen

In den ersten Monaten muss ein junger Hund nicht mehr verstehen als die beiden Bewegungsrichtungen, denen die Hilfen folgen: Ziehen und Schieben. Wenn er sie begriffen hat, ist er in jeder Situation erreichbar, und es fällt leicht, ihm damit Neues zu erklären.

Störungen. Erreichbar zu sein bedeutet auch, sich stören zu lassen. Als Störung gilt jegliche Unterbrechung konzentrierter Tätigkeit – sei es durch die treibende und ziehende Hilfe, eine hektische Bewegung oder durch ein Lob. Der Begriff Störung ist also keinesfalls negativ belegt. Störungen können sehr hilfreich sein und ganz gezielt eingesetzt werden.

»Sprich leise, denn er hört dir zu« – ein wunderbares Gefühl im täglichen Miteinander!

Die Signale. Wenn der vierbeinige Schüler über die Hilfen (→ Seite 39) den Lösungsweg einer Lektion erkannt hat und ihn weiterhin selbstständig findet, wird für die Lektion ein konkretes Signal festgelegt. Diese Signale sollten logisch strukturiert sein und sich akustisch voneinander unterscheiden; jedes Signal muss eindeutig sein. Erst wenn ein Signal zuverlässig vom Hund mit der Lösung assoziiert wird, beginnen die Hilfen zu verblassen.

Die Stimme. Als wichtiges Kommunikationsmittel dient die Stimme. Sie kann jedoch neben gewünschten Informationen auch sehr viele Spannungsfelder mitliefern – selbst wenn dies gar nicht beabsichtigt ist. Manche Menschen sprechen mit ihrem Hund mit einer gekünstelten, hohen Stimme, die angespannt klingt, weil sie durch Druck im Brustkorb erzeugt wird. Das ist unnötig, wenn nicht sogar kontraproduktiv. Ein Hund hört nicht besser, wenn man gestelzt oder laut spricht. Nein, er hört dann besser, wenn er gelernt hat hinzuhören. Je authentischer die Stimme, je klarer die Signale und je entspannter der Mensch, desto greifbarer der Erfolg.

Was ist meine Botschaft? Um eindeutig zu kommunizieren, muss man wissen, was man sagen will. Im Dialog mit dem Tier wird die Sprache auf ein Minimum reduziert; langatmige Argumente haben keinen Platz.

Die Bewegungsrichtungen

Hierher und dorthin. Die Grundrichtungen, die der Hund als Erstes lernt, beziehen sich auf die Position von Hund und Trainer und sind eng mit den beiden Hilfen verknüpft. Die schiebende oder treibende Hilfe (von mir weg) kann ich intensivieren, indem ich mich auf das Tier zubewege, für die ziehende (zu mir her) gehe ich zurück, räume ihm also mehr

Platz ein, damit es sich aktiv für die Nähe entscheiden kann. Jede Bewegung des Menschen sollte entspannt und souverän sein. Das Spiel aus Lot und Achse, die natürliche Körperspannung, sollte ausreichen, um alle Informationen zu transportieren.

Beispiel: das Herkommen

Bringe ich einem Hund das Herkommen bei, dann sichert ihn eine Leine, und ich stehe entspannt. Nun gehe ich einen Schritt zurück; damit signalisiere ich, dass ich ihm Platz mache. Mit der ziehenden Hilfe aktiviere ich den Hund in meine Richtung: Ich sage seinen Namen und drehe meine Körperachse ein wenig weg. Die Leine verhindert, dass der Vierbeiner einen anderen Weg sucht als den zu mir, wirkt aber an keiner Stelle über Kraft auf ihn ein; sie verschließt nur unerwünschte Türen. Der Hund folgt meiner weichenden Bewegung und setzt sich vor mich. Hier bekommt er ein aktives Lob mit ruhigem Abstreichen und wohligen Worten. Dies wiederhole ich, bis er den Weg ganz leicht findet. Nun kopple ich an die ziehende Hilfe das gewählte Signal, etwa »Hierher«.

Das Signal zuerst. Recht bald vertausche ich Hilfe und Signal: Zuerst sage ich das Signal »Hierher«; nur wenn es nötig ist, folgt der Name ziehend hinterher. In der Folgezeit verliert die Hilfe immer mehr an Bedeutung, das Signal bleibt übrig. Jetzt erst vergrößere ich die Distanz zu meinem Hund und später auch das Maß an Ablenkung, das er ignorieren lernen muss. Dieses Beispiel ist auf alle Lektionen übertragbar. Funktioniert die ziehende Hilfe nicht mehr, wird der Schüler über die treibende Hilfe wieder aufmerksam und aktiv gemacht. Er wird lernen, die Lösung zu finden und verlässlich abzuspeichern.

Eindeutigkeit und Glaubwürdigkeit

Letztlich bestimmen Eindeutigkeit und Glaubwürdigkeit der Hilfen den Erfolg der Signale. Seien Sie sich immer bewusst, dass Ihr Dialog mit dem Hund im Jetzt stattfindet. Was habe ich meinen Hund gefragt? Wie war seine Antwort? Eine Frage, die im Jetzt keine Antwort findet, braucht keine Wiederholung;

WAS SIND EIGENTLICH SICHTZEICHEN?

INFO

Alle Signale, die Ihr Hund an Ihnen visuell »ablesen« kann, nennen wir Sichtzeichen. Hierzu gehören nicht nur Hand- und Armbewegungen, sondern auch Körperspannung, Veränderungen in Lot und Achse, Zeichen mit Füßen oder Beinen. Sogar der Fokus des Menschen, also Richtung und Intensität seines Blickes, zählt dazu – denn auch an unseren Augen kann der Hund enorm viel erkennen.

zuerst muss die Ursache der ausbleibenden Antwort behoben werden. Reagiert etwa der Hund nicht auf meine Bitte herzukommen, zieht er die Karte Passiv. Das ist nicht die Antwort auf meine Frage. Nun wiederhole ich die Frage nach dem Herkommen nicht – sie ist gerade erfolglos geblieben. Stattdessen aktiviere ich den Hund zum Dialog. Eine kleine treibende Hilfe sorgt dafür, dass er mir wieder aufmerksam zuhört. Erst jetzt bitte ich ihn wieder ruhig und freundlich herzukommen. So stellen die Hilfen die Weichen für den erfolgreichen Dialog, die Signale füllen ihn aus.

Der Weg in die eigene Spur

Die eigene Spur ist der Weg innerhalb zweier Leitplanken, der sich für einen Menschen gut anfühlt. Sie ist individuell verschieden; man kann sie auch als persönliche Vorgehensweise oder Zielrichtung sehen. Durch die Schulung von Tricks wächst das Bewusstsein dafür, wo die eigene Spur verläuft, in die sich der Hund letztlich begeben soll.

Ein neuer Wachhund

Der Hund auf dem Titelbild ist ein sechsjähriger Hovawart. Wir suchten für unser Gehöft einen neuen Wachhund und stießen auf einen Aushang, in dem sehr verantwortungsvolle Menschen dringend ein neues Zuhause für ihren älteren, riesengroßen schwarzen Hund suchten. Wir machten uns also auf den Weg. Als wir an der Tür schellten, erklang ein Bellen, dass mich direkt zurück auf die Straße trieb – mein Kind beschützend auf dem Arm. Die Tür öffnete sich, und da stand er, bellend und keuchend, das Kettenhalsband war in Herrchens Hand gesichert. Ich stellte mich vor, mein Kind immer noch an mich geklammert, und wir wagten uns vorsichtig näher.
Distanzlosigkeit. Was nun kam, war fast noch schlimmer: Das große Sabbermaul schnüffelte uns völlig distanzlos ab. Ich ahnte, dass der Hund auf unserem Gehöft einen guten Job tun würde, sah aber auch einige Probleme, die er verursachen konnte. Doch irgendetwas an diesem Riesen gefiel mir, und so hielt Cooper nach reiflichen Überlegungen bei uns Einzug. Er war ein lieber Kerl, aber er hatte auch einiges gelernt, was uns anfangs sehr zweifeln ließ: Er zog jeden, der an seiner Leine hing, unbeirrt über den Hof, er konnte gezielt zuschnappen, ließ sich Futter nicht wegnehmen und erwischte bereits am dritten Tag unsere Lieblingskatze – und spielen wollte er nicht mit ihr. Koteletts konnte er förmlich vom Teller inhalieren und anschließend das Unschuldslamm spielen. Und er verhielt sich Fremden gegenüber ziemlich aggressiv.

Nähe und Distanz lernen

Heute gehört Cooper fest zu unserer Familie. Er läuft am Fahrrad, ignoriert die Katzen, lässt sich Knochen wegnehmen und ist voll integriert im Rudel. Wie kam das?
Falsches Spiel. Unser Cooper hatte durch die Erziehung über Leckerbissen die Karte Bedrängen als bevorzugte Karte erworben. Mit Leckerbissen ließ er sich in einen anderen Raum locken. Es konnte aber auch passieren, dass er sich vehement wehrte – dann war die Karte Abwehr als Lösung verlinkt.
Auf Signale hören. Nun erlernte er in kleinen Schritten, dass es einen Laut gab, der ihn aufforderte, den Weg freizumachen oder Distanz zu halten. Zudem erfuhr er, dass es erwünschte Nähe gab. Und dass das Nennen seines Namens unbedingte Aufmerksamkeit verlangte.
Lernmuster ändern. Es war wichtig, dem Hund die Lösungen, die zur Verfügung standen, gut zu erklären. Denn vorher waren seine Reaktionen im Kopf anders verlinkt.
Die Abwehr etwa, die er zunächst zeigte, war nicht das Resultat von Bosheit, sondern das Resultat erfolgreicher Lernmuster. Diese galt es zu verändern. Drohte Cooper, die Karte Abwehr zu ziehen, bat ich ihn ruhig um mehr Distanz. Das verstand er. So konnte ich ihn über das Einfordern von Distanz und Höflichkeit an der Tür Abwehr vorbeilenken.
Wir schienen beide darüber erleichtert, mein Cooper und ich. Jetzt konnte ich ihm sehr schnell sagen, was erwünscht und was unerwünscht war. Und er lernte mit so viel Eifer all

die neuen Regeln! Durch dieses Leitplankensystem fand er den Weg in meine Spur. Die Leichtigkeit im Umgang mit ihm wurde zur wichtigsten Lektion – heute beherrscht er sie.

Tierisches Zeitempfinden

Die HarmoniLogie arbeitet nicht mit einem festgelegten zeitlichen Rahmen, wie er für uns Menschen typisch ist. Wer seinem Tier eine Frage stellt und dann stur auf die Antwort wartet, wird irgendwann frustriert aufgeben. Nein, man muss geduldig im Dialog bleiben.

Kleine Schritte zum Erfolg. Ich kann einem jungen Hund nicht erklären, wie er sich hinlegen soll, und gleichzeitig verlangen, dass er liegen bleibt. Das sind zwei Fragen. Die HarmoniLogie möchte die Trainer dazu anregen, Kritik und Fragestellungen an das Tier so zu gestalten, dass das Tier die Möglichkeit hat, eine Frage nach der anderen zu beantworten. Dazu muss sich der Trainer Zeit nehmen und die Antwort auch anhören.

Zuerst das »Was«, dann das »Wie«. In jeder Lektion wird zuerst festgelegt, was erreicht werden soll, damit Ihr Hund die Lösung selbst findet. Erst danach folgt die Ausgestaltung dieser Lösung, das »Wie« (→ Seite 55). So wird die Lösung zur eigenen Idee des Tieres.

Respekt und Vertrauen. Am wichtigsten ist die Frage, ob der Hund das System der Hilfen in jeder Situation und trotz Ablenkung richtig beantwortet. Zieht die ziehende Hilfe auch, wenn ein Hase losspurtet? Treibt die treibende auch, wenn etwas Leckeres am Boden liegt? In einem lebendigen Prozess klärt sich hier immer wieder das Spiel zwischen Respekt und Vertrauen. Dieses Spiel wird bestehen, solange es Leben gibt. Ist ein Tier so geschult, dass es als Erstes die Möglichkeit wahrnimmt, den Joker Aktives Angebot auszuspielen – es wendet sich mir zu, sucht nach Lösungen, hört hin –, dann fällt das Erklären sehr leicht. Mit jemandem, der zuhört, kann ich leise sprechen. Achten Sie daher im Umgang mit dem Tier immer darauf, ob es Angebote macht.

Immer wieder ein faszinierendes Projekt: Mensch und Hund machen sich auf den Weg, um ihr gemeinsames Ziel zu erreichen, nämlich eine glückliche und erfüllte Partnerschaft.

Orientierung und Sicherheit

Kapitel 2 DAMIT HUNDE GESPRÄCHSBEREIT BLEIBEN, MUSS DER MENSCH EINDEUTIG KOMMUNIZIEREN UND EIN ENTSPANNTES KLIMA SCHAFFEN.

Ein System, in dem Lernen stattfinden kann

»HO«, RUFT DER KUTSCHER, und seine Pferde wissen, dass sie stehen bleiben sollen. Sind die Gäste eingestiegen, ruft er »Hü« – weiter geht's. Die beiden Signale weisen darauf hin, ob die Lösung vorwärts oder rückwärts zu suchen ist, verraten aber noch keine Detailinformationen wie Gangart, Geschwindigkeit oder Wegführung. Entscheidend für den Erfolg ist die Glaubwürdigkeit des Kutschers. Er muss wissen, was er will, und dies eindeutig ausdrücken und konsequent durchsetzen; sonst machen die Pferde bald, was sie wollen. Je besser die Pferde dem Kutscher vertrauen und ihn respektieren, umso zuverlässiger reagieren sie auf seine Signale. So lässt das Signal »Trab« die Pferde traben, »Hü« als treibende Hilfe gibt die Zusatzinformation »Vorwärts«, oder in diesem Fall: »Etwas schneller, bitte.«

Die Rahmenbedingungen für eine erfolgreiche Erziehung

Ebenso wie ein Kind muss auch der Hund während der Erziehung viele Fragen stellen dürfen. Er soll austesten, wo die Grenzen liegen, und im Dialog sein gesamtes Reaktionsspektrum ausprobieren. Nur so kann ihm ein Trainer die Grenzen vermitteln und ihn innerhalb dieser Grenzen ans Ziel bringen – ohne Zwang und ohne Berührung, sondern im entspannten Miteinander. Zu erkennen, wo die eigene Spur verläuft und wie man einen Hund dorthin lenken kann, ist die pure Freude.

Hilfen und Impulse

Stellen Sie sich einen langen Weg mit vielen Abzweigungen vor, an dessen Anfang der Hund steht und an dessen Ende sich die gewünschte Lösung befindet. Wie navigieren Sie nun den Hund zum Ziel?

»Leitplanken« zur Orientierung

Auch in der Hundeschule verwenden wir ein Leitsystem, das die grobe Richtung angibt: das System der Hilfen, die der Welpe in Verbindung mit den Bewegungsrichtungen ganz am Anfang erlernt. Sie werden in einer ruhigen Situation ganz ohne Ablenkungen geschult und mithilfe von Lauten erklärt. Als ziehende Hilfe dient der Name des Hundes, der diesen näher zu mir ruft. Die treibende Hilfe ist ein leiser Knurrton, manchmal auch ein »Na« oder »Nein«; sie fordert mehr Abstand und Achtsamkeit. Mit diesen ersten Lautsignalen wird der Hund behutsam zur Lösung geführt. Wann ich welche Hilfe einsetze, hängt von meiner Position in Bezug auf den Hund und die versteckte Lösung ab sowie davon, ob die aktuelle Fragestellung die Respekts- oder die Bindungsebene betrifft. Wenn ich mehr Distanz fordere, heißt das, die Lösung liegt weiter von mir entfernt, und ich hätte gern mehr Höflichkeitssignale. Zu mehr Nähe lade ich dagegen ein, wenn die Lösung eher bei mir liegt.

Auch Tiere brauchen Orientierung und Grenzen, innerhalb derer sie entspannt und sicher sein können.

Höfliche Signale. Die eigentlichen Signale, die letztlich den Lösungen zugeordnet werden, spielen anfangs noch keine Rolle; sie würden den Hund jetzt nur verwirren. Wir verwenden bewusst keine Kommandos; höfliche Signale reichen für die Verständigung aus. Diese sollten jedoch vorher festgelegt und gut differenziert werden (→ Seite 56). Es lassen sich Wörter, Pfeif- oder Sichtsignale verwenden.

Distanz ist nicht Strafe. Erstaunlich oft fühlt es sich für uns Menschen wie Strafe an, wenn jemand Distanz einfordert. Dabei hat das gar nichts damit zu tun. Vielmehr lässt sich durch Distanz Nähe regulieren, was nicht nur die Respektsebene in Balance bringt, sondern wunderbarerweise auch die Bindungsebene stärkt. Voraussetzung ist eine Atmosphäre von

Vertrauen und Sicherheit. Auf dieser Basis kann ich höflich Distanz einfordern, ohne dass sich der Hund eingeschüchtert, gedemütigt und bestraft fühlt. Stattdessen reagiert er mit mehr Achtsamkeit, Aufmerksamkeit und Respekt. Und ich kann jederzeit wieder Nähe schaffen, ohne Distanzlosigkeit und Verlust von Respekt zu befürchten. Dies ist die beste Basis für erfolgreiche Kritik.

Der konkrete Dialog mit dem Hund

Beim Training bin ich entspannt und gut vorbereitet. Heute möchte ich, dass der Hund weiß, was von ihm verlangt wird, wenn etwa der Brummton ertönt oder sein Name fällt.

Einfordern von Distanz. Ich stelle mich in einen kleinen Kreis mit etwa einem Meter Durchmesser und halte den Schützling an der Leine. Mit einem leisen Knurrlaut beginne ich nun, den Hund aus dem Kreis zu treiben. Dabei kann ich mich um die eigene Achse drehen, sodass ich den Hund immer frontal vor mir habe. Ich darf aber keinen Schritt auf den Hund zu machen. Das wäre ein Bedrängen, das seine Reaktion verfälschen würde.

Im Zoofachhandel finden Sie alles fürs Training: vom Halsband über die Leine bis zur Reitgerte.

Äußere Hilfe. Die Leine, die ruhig, aber fest gehalten wird, stellt eine äußere Hilfe dar: Sie definiert zum einen den erwünschten Höflichkeitsabstand oder Radius und verschließt zum anderen die Tür zur Fluchtkarte. So muss sich das Tier mit Ihnen auseinandersetzen und nach Lösungsangeboten suchen.

Skala der Impulse. Wenn der Hund Ihren Wunsch nach mehr Distanz nicht erfüllt, ist eine weitere Hilfe mit mehr Nachdruck nötig. Damit der Dialog sachlich und höflich bleibt, steht uns eine abgestufte Skala zur Verfügung:

- Impulsstärke 0: brummendes Geräusch als Warnung (»Gelb«) im Ampelprinzip,
- Impulsstärke 1: dieses Brummen plus Körperspannung (→ Seite 46),
- Impulsstärke 2: Brummen plus klatschendes, impulsives Geräusch mit der Hand oder der Leine am Körper des Trainers,
- Impulsstärke 3: impulsives Klatschen auf dem Boden, zum Beispiel mit der Leine, im Radius zwischen Mensch und Hund,
- Impulsstärke 4: Impuls am Körper des Hundes, etwa ein ganz leichtes Touchieren der Vorderpfoten mit der Gerte. Die Berührung soll für den Hund nicht schmerzhaft sein, aber als lästig wahrgenommen werden.

Aktives Angebot. Merken Sie sich, welche Impulsstärke nötig war, damit der Schützling die Karte Aktives Angebot ausspielte, also aus dem Kreis trat und Höflichkeitssignale sendete. Wenn Sie die Lektion wiederholen, steigen Sie nach einer Warnung, etwa durch Knurren, bei diesem Impuls wieder ein. Da nach dem Ampelprinzip (→ Info, rechte Seite) immer zuerst gewarnt wird, kann der Hund jederzeit durch ein noch so kleines Angebot wieder auf Grün, also in die Entspannung kommen.

Don't touch. Berührungen sollen möglichst immer durch ein kleines Warnsignal angekündigt werden. Am Ende einer gelungenen Ausbildung führt der Hund alle Lektionen ohne Hilfestellung oder Berührung aus. Das nennen wir das »Don't-touch-Prinzip«.

Einladen zu Nähe. Der Hund ist gewichen und sendet Höflichkeitssignale. Warten Sie einen Moment, bis Sie ihn wieder in den Kreis einladen. Dies erfolgt durch das Aussprechen seines Namens, also die ziehende Hilfe. Die Hand, die die Leine führt, bleibt weiterhin passiv und wirkt an keiner Stelle über Kraft.

Lob für den Hund. Die beiden Hilfen fordern den Hund zu ungeteilter Aufmerksamkeit auf, sollen von ihm aber gleichzeitig mit einem hohen Maß an Entspannung assoziiert werden. Wenn der Hund also die Lösung gefunden hat, lassen Sie sich viel Zeit, atmen beruhigend aus und loben den Hund langsam und warmherzig. Auf lange Sicht schaffen Sie so ein stabiles Gefüge aus Vertrauen und Respekt – die Grundlage für die Schulung aller nur denkbaren Tricks und Lektionen. Bald werden Sie ohne große Mühe Distanz und Aufmerksamkeit einfordern können; als Signal sollte dann ein leiser Brummton genügen.

Kritik äußern. Das System der Hilfen lässt sich auch gut einsetzen, um von Kritik zur Lösung zu gelangen. Wenn mein Hund etwa falsch auf ein Signal reagiert hat, wiederhole ich dieses, setze aber die entsprechende Hilfe davor. Ich rufe den Hund beispielsweise mit dem Signal »Hierher« zu mir – so hat er es gelernt. Er läuft sofort los, allerdings in Richtung meiner Tochter. Nun sage ich »Nein« als kritische Unterbrechung, gefolgt von seinem Namen als ziehende Hilfe, um sicherzustellen, dass der Hund nun in meine Richtung findet. Und daran wird zum Ende noch einmal das eigentliche Signal angehängt, »Hierher«.

Hilfsmittel für den Anfang

Um einen Hund zu erziehen, brauchen Sie neben Offenheit, einem gesunden Menschenverstand und einem guten Bauchgefühl nur wenig. Nützlich ist ein breites, fest verschnallbares, weiches Leder- oder Nylonhalsband. Eine feste, 1,5 Meter lange Lederleine ohne weitere Haken und Ösen dient in der Grundschule als Hauptwerkzeug. Eine mindestens fünf Meter lange Schleppleine brauchen Sie zur Schulung der Freiarbeit. Zum Apportieren, dem Öffnen von Jacken oder Schubladen und Türen sowie zur Suche hilft ein kleiner Schlüsselanhänger aus Stoff. Eine kurze Reitgerte schließlich kann in den Lektionen der Hohen Schule die Aktivierung übernehmen, nützt aber auch beim Apportieren. Im Lauf der Schulung verlieren die Hilfsmittel an Bedeutung. Am Ende stehen da nur noch ein Mensch und ein Hund, verbunden durch den kommunikativen Weg der HarmoniLogie.

DAS AMPELPRINZIP: GRÜN, GELB, ROT

INFO

Die Ampel regelt Disharmonien: Steht sie auf Grün, ist alles gut. Macht der Hund einen Fehler oder ist unachtsam, folgt eine leise, aber bestimmte Warnung: Gelb. Reagiert der Hund nun nicht mit einem Angebot, wird er durch Rot aktiviert. Dies geschieht sehr sachlich und individuell nach der Skala der Impulse (→ links). Sobald vom Hund das Angebot erfolgt, schaltet auch die Ampel wieder auf Grün.

Die Pausen, der sichere Weg zum Lernerfolg

Sich ausgiebig recken und strecken, das Fenster öffnen, um frische Luft hereinzulassen, einen Apfel essen oder kurz austreten – in der Schule waren es oft diese kurzen Unterbrechungen, dieses »Stand-by«, die den Lernfortschritt beschleunigten. Die große Pause dagegen konnte sogar ins »Off« führen, wenn sie mit sozialem Stress verbunden war.
Unser Schüler auf vier Pfoten soll lernen, so lange auf »Stand-by« zu bleiben, bis er wieder beschäftigt wird. Ich wünsche mir für ihn ein Höchstmaß an Lebensqualität und damit auch ein hohes Maß an Freiheit. Doch diese muss er sich durch Zuverlässigkeit erarbeiten.

Den Anstieg der Leistungskurve sollte jeder Trainer als magisches Zeichen für eine Pause erkennen.

Wie die Pause aussieht

Hat ein Hund gelernt, nicht ins »Off« zu rutschen, sondern auf »Stand-by« zu bleiben, schickt man ihn naturgemäß häufiger und lieber in die kleine Pause. In diesem Modus wirkt der Hund entspannt, er schnüffelt immer nur in einem Radius von drei bis vier Metern um seinen Menschen, er löst sich, hält nach interessanten Informationen in seiner Umgebung Ausschau und ist jederzeit bereit, wieder in den Lernstoff einzusteigen. Wichtig ist, dass der Mensch während dieser Unterbrechungen auch den Fokus von seinem Vierbeiner nimmt – wer möchte in der Pause schon den Blick des Mathelehrers spüren.

Komplimente. Auch im »Stand-by-Modus« soll der Hund jedoch – spätestens nach gelungener Ausbildung – weiterhin die Verantwortung für die Beziehung zu seinem Menschen tragen. Er schaut nach ihm, er kümmert sich um die Angeschlossenheit und ist auch mal von sich aus zu einem Kontakt motiviert. Hier sprechen wir von »Komplimenten«. Es ist nämlich ein großes Kompliment, wenn der Hund aus eigenen Stücken immer wieder zu seinem Menschen geht und höflich Kontakt zu ihm aufnimmt. Nehmen Sie dies trotz der Pause an. So bestätigen Sie Ihren Vierbeiner, und anschließend wenden Sie Ihre Achse und den Blick wieder vom ihm, um ihn erneut freizugeben. Dies wird schon zu Beginn der Partnerschaft mit dem Schützling geschult.

Wann die Pause stattfindet

Ich arbeite mit dem Hund an einem bestimmten Thema – etwa einer Bewegung, dem Tempo, dem Ablenkungsgrad –, und sobald ich in seiner Leistungskurve eine steigende Tendenz wahrnehme, gehe ich mit ihm ein wenig spazieren und lasse ihn schnüffeln. Natürlich darf er auch jetzt nicht an der Leine ziehen oder anderen Unsinn machen. Ich gehe langsam und gleichmäßig, bis er sich wenigstens einmal für andere Dinge als den Unterricht interessiert und sie mit der Nase erforscht. Erst danach fahre ich mit dem Lernstoff fort.
Entdeckung der Langsamkeit. In der Tierschule werden Lektionen nach menschlichem Empfinden oft sehr langsam geschult; winzige Erfolge feiert man mit großen Festen. Der Schlüssel zum Erfolg sind Geduld und Ruhe. Kleinschrittiges Arbeiten garantiert, dass der Schützling gefördert und nicht verformt wird. Dies ist oft schwer zu verstehen. Der Erfolg dieses Vorgehens liegt jedoch darin begrün-

det, dass ein Hund, der auch für minimale Fortschritte mit einer Pause belohnt wird, immer wieder frisch motiviert ans Werk geht.

Pausengong. Um es dem Hund ganz leicht zu machen, koppeln wir den Pausenbeginn an ein bestimmtes Signal, etwa »Lauf« – denken Sie an den Gong in der Schule. So wird auch gleich mitabgesichert, dass der Schützling nicht einfach Pause macht, wenn er will, sondern dass es eine klare Einigung gibt, die von beiden Seiten verbindlich eingehalten wird.

Wilde Pausen nur auf Rezept

Entschwindet der Hund in der Pause doch mal ins »Off«, dann spricht man ihn mit dem Namen an und überprüft, ob die Hilfen noch funktionieren. Spielen und wildes Herumtoben sollte nur ganz gezielt und wohldosiert zugelassen werden. Bei scheuen Hunden, die gern mit der Karte Devot experimentieren oder zu passiv sind, kann es Wunder bewirken. Bei Hunden mit dem Lernmuster Bedrängen oder Abwehr wirken allzu aktive Pausen dagegen oft kontraproduktiv und machen das, was man mühsam aufgebaut hat, im Nu wieder zunichte.

Zielorientierung. Das bedeutet aber nicht, dass Sie mit Ihrem Hund nie spielen dürfen. Doch Sie sollten sich immer bewusst machen, was Sie mit einer Pause erreichen möchten und zu welcher Thematik Sie sich mit Ihrem Hund gerade im Dialog befinden.

Ferien tun gut

Es kann sinnvoll sein, das Training durch eine Pause von mehreren Tagen oder Wochen zu unterbrechen. Bis dahin Erlerntes geht gewiss nicht verloren, und mit etwas mehr Reife oder Abstand lässt es sich manchmal viel einfacher fortsetzen. Nach meiner Erfahrung sollten nicht selten auch die Menschen ein wenig gnädiger mit sich selbst umgehen und sich regelmäßig eine Pause gönnen, denn Schulen ist mitunter echte Konzentrationsarbeit.

Der angeschlossene Hund bemüht sich stets um seinen Menschen und übernimmt die Verantwortung für die beständige Nähe zu ihm. Auch Außenreize können eine gute Angeschlossenheit nicht stören.

Das Lob – stille Würdigung und großes Fest

»Vielen Dank, das haben Sie wirklich sehr gut gemacht.« Eine solche Anerkennung tut gut – erst recht, wenn sie ruhig, aufmerksam und mit voller Zuwendung ausgesprochen wird. Lob soll Wertschätzung ausdrücken, im Handeln unterstützen, bestärken und motivieren. Außerdem wird es als Gegengewicht zur Kritik (→ Seite 61) eingesetzt, um den Hund im Rahmen der Belastbarkeit und Trainierbarkeit immer in Balance zu halten. Habe ich ihn für eine falsche Lösung kritisiert, dann muss ich ihn für die nächste richtige Lösung loben.

Das passive Lob

Reden ist Silber, Schweigen ist Gold. Passives Lob ist ein Dulden und wird vom Trainer durch ruhiges Ausatmen, einen freundlichen Blick sowie ein Entspannen in Lot und Achse ausgedrückt. Daran erkennt der Hund, dass alles richtig ist. Passiv wird gelobt, wenn die Ruhe und Konzentration des Tieres nicht gestört oder unterbrochen werden soll.

Das aktive Lob

Beim aktiven Lob wird der Mensch aktiv und erzielt dadurch eine aktive Reaktion des Hundes. Er lobt etwa den Hund durch Berührun-

DAS LOB – EINER DER STÄRKSTEN MOTIVATOREN

1

2

1 Mit viel Schwung findet das aktivierende aktive Lob statt. Es öffnet Türen zu dynamischen Bewegungen und darf sich für Hund und Trainer wie ein kleines gemeinsames Fest anfühlen. Es sollte jedoch nicht zu distanzlosem Verhalten des Hundes führen, aber ihm unbedingt Lust auf eine Wiederholung machen.

2 Das einfache aktive Lob erzeugt eine eher ruhige Aktivität. Es unterbricht die Handlung nicht, führt aber zu Reaktionen der Entspannung, wie Wedeln und Abschmatzen. Beim Abschmatzen schleckt der Hund seitlich über die Lefze, öffnet das Maul aktiv und kaut ab. Es kann durch Abstreichen von Nasalbereich und Kopf erzeugt werden.

gen und mit Worten, und der Hund wedelt ihn an. Das einfache aktive Lob unterscheidet sich vom aktivierenden in Ausdruck, Timing, Dauer und Intensität. Diese Differenz gilt es herauszuarbeiten und je nachdem, was erreicht werden soll, gezielt einzusetzen.

Einfach. Möchte ich während einer Lektion etwas mehr Aktivität vom Hund, kann es sein, dass ich mich des einfachen aktiven Lobes bediene. Hier wird der Hund langsam und ruhig gestreichelt, er wird mit ruhigen, lobenden Worten angesprochen. »Vielen Dank, das machst du wirklich sehr gut«, wäre an dieser Stelle die passende Übersetzung. Diese Form des Lobes soll den Hund zu einer aktiven Reaktion motivieren, zum Beispiel einem Wedeln, einem Abschmatzen oder einer aktiven, deutlichen Entspannung. Das aktive Lob soll die Handlung nicht unterbrechen.

Aktivierend. Das aktivierende aktive Lob darf die Handlung unterbrechen und stellt sich als richtige Party für Ihren vierbeinigen Schüler dar. Ein kleines Laufspiel, eine Toberei oder eine andere dynamische Verstärkung setzen ihn gezielt in Bewegung.

Wann erfolgt welches Lob?

Es ist sehr wichtig, dass der Mensch alle drei Formen des Lobens beherrscht und gezielt als Hilfsmittel einsetzen kann.

Je nach Lernstoff. Lernt ein junger Hund Lektionen, die passives Verhalten beinhalten, etwa die Körperhaltungen Stehen, Sitzen, Liegen, dann ist passives, manchmal ein wenig aktives Lob mit nicht zu stark aktivierender Wirkung gefragt. In den Pausen kann man aktive Würdigungen aussprechen und den Lernerfolg mit kleinen Tobepausen feiern. Während der Übung sollte jedoch die stille Würdigung vorherrschen. Lektionen, die eine Aktivität beinhalten, wie das Herkommen, Sprünge oder das Apportieren, dürfen durch aktiveres Lob, auch das aktivierende Lob, verstärkt werden.

Das passive Lob ist eine stille Würdigung, die innige Nähe und tiefes Wohlgefühl zwischen dem Menschen und seinem Vierbeiner transportiert.

Je nach Wesen des Hundes. Bei sehr temperamentvollen Hunden kann das passive Lob Wunder bewirken. Bei phlegmatischeren Hunden benötigt der Trainer oft mehr Nachdruck. Am Ende einer gelungenen Ausbildung verstehen Hunde die stille Würdigung auch in schwierigen Lektionen sehr gut. Keinesfalls darf Ihr Schützling vom aktiven Lob abhängig werden und ohne entsprechende Bekräftigung die Lust verlieren.

Lob ist kein Pausenzeichen

Das Lob dient nicht als Pausenzeichen; dafür haben wir ja ein eigenes Signal festgelegt. Wer häufig am Ende einer Lektion lobt, nimmt dem Lob den Wert. Loben Sie während der Lektion, und lassen Sie den Hund nach der Arbeit in Ruhe in die Pause ziehen. So verinnerlicht er die Bedeutung der Würdigung.

Der Trick der Anspannung ist die Entspannung

Im Lauf der Evolution haben wir Menschen unseren aufrechten Gang mitbekommen. Allein diese Bewegungsart erfordert ein sehr hohes Maß an Körperspannung. Denken Sie nur einmal an einen ausgewachsenen Gorilla. Seine »entspannte« Fortbewegung auf Hinter- und Vordergliedmaßen ist schon beeindruckend genug; richtet er sich aber auf, wirkt er beängstigend. Was mag da wohl ein Hundebaby empfinden, wenn ihm zum ersten Mal ein Mensch gegenübersteht?

Kommunikation unter Hunden

Hunde kommunizieren miteinander über Spannungsfelder, die sie durch ihre Körperhaltung erzeugen. Ein gerader Rücken, aufgestellte Ohren und eine streng erhobene steife Rute, angespannte Vorderbeine und ein fester Blick transportieren unmissverständlich ein hohes Maß an Anspannung. Im Gegensatz dazu signalisieren eine zur Seite gedrehte Körperachse, eine weiche Rückenlinie, ein abgewinkelter Kopf, eine abgesenkte Rute und ein entspannter Blick Gelassenheit. Zwischen diesen beiden Extremen gibt es unzählige Abstufungen der Information.

Für Menschen mit hoher Körperspannung ist es nicht ohne Weiteres möglich, in einen entspannten Dialog mit einem Hund zu treten. Dieser liest nämlich die Spannungsfelder, lang bevor es zu akustischen Signalen kommt. Das ist so beeindruckend an seiner Sprache, kann aber im Dialog mit dem Menschen leicht zu Missverständnissen führen. Für den Hund widersprechen etwa die visuellen Signale seines aufgebrachten Menschen, der ihn zu sich ruft, den akustischen ganz erheblich: Die Körpersprache signalisiert äußerste Anspannung – was nach dem Wissen des Hundes Distanz fordert –, die Stimme lädt dagegen zu Nähe ein. Was soll er also tun?

Spannungsfelder erkennen

Die Kunst im Dialog mit dem Hund besteht darin, sich der eigenen Spannungsfelder bewusst zu werden. Wenn ich diese steuern und entsprechend der Zielsetzung nutzen kann, eröffnen sich viele neue Möglichkeiten in der Schulung der Tiere.

Am besten können Sie Anspannung erspüren und auch vermitteln, wenn Sie sie bewusst mit Entspannung abwechseln. Dieses Wechselspiel aus Anspannung und Entspannung ist in den verschiedensten Lebensbereichen vorhanden und notwendig. Der Kutscher, der die Zügel anzieht, um sein »Ho« zu verstärken, hat nur Erfolg, wenn er die Zügel später auch wieder locker lässt. Der Autofahrer, der Gas geben will, sollte zunächst von der Bremse gehen. Mit angezogener Bremse fährt man nicht weit, aber ohne Bremse fährt man nicht sicher. Ebenso wird durch zu viel Spannung der Dialog blockiert, während man ganz ohne Anspannung keinen Respekt erzielt.

Anspannung als Hilfsmittel

Die Spannung, die wir in der Tierschule bewusst einsetzen, ist frei von aggressiven Grundmustern. Die Kunst ist darin zu finden, aus dieser Anspannung wieder herauszukommen. Eine gezielte Atemtechnik wirkt hier Wunder. Wenn ich ein junges Pferd schule, das sich schnell verspannt, dann ist das beste Rezept, sich in den kleinen Pausen mit beruhigendem Körperkontakt neben das Tier zu stellen, den Kopf etwas zu senken und lang-

sam und fest auszuatmen. Meist muss man nur bis drei zählen, dann senkt das Pferd schon den Kopf und atmet aus. Bei Hunden ist es nicht anders. In Situationen, in denen ich Spannungsfelder brauche oder Anspannung entsteht, hilft ein Fallenlassen der Schultern, ein langes »Jawohl« mit einem hörbaren Ausatmen, um eine Atmosphäre der Entspannung zu bieten. Die Achse sollte weggedreht, die Hüfte etwas eingeknickt sein, und der Blick sollte auf den Boden gerichtet sein.
Die Anspannung ist ein wunderbares Hilfsmittel, mit dem man beispielsweise geschickt unerwünschte Türen verschließen kann. Sie kann auch als Impuls 1 (→ Seite 40) die treibende Hilfe untermauern, und man kann sie benutzen, um die Aufmerksamkeit des Hundes auf den Gegenstand zu lenken, den er beim fokussierten Apportieren (→ Seite 128) bringen soll. Die Anspannung einsetzen zu können, um sie jederzeit aktiv gegen Entspannung zu tauschen, gehört zum Handwerkszeug in der HarmoniLogie. Es macht große Freude, die Hunde damit so zu trainieren, dass sie umgänglich, gesprächsbereit und leicht zu lenken werden.

SO TEILEN SIE DEM HUND MIT, OB SIE ENTSPANNT SIND

1 Ein entspannter Mensch lädt seinen Hund freundlich zu einem Dialog ein. Die bewusst entspannte Haltung hilft gezielt dabei, Veränderungen zu erzeugen.

2 Die Anspannung eines Menschen wird besonders im oberen Bereich des Körpers deutlich: Lot und Achse versteifen sich, die Linienführung des Körpers ist leicht verständlich und für den Hund eindeutig lesbar.

3 Um alle Linien zu brechen und ganz gezielt Spannungsfelder wegzunehmen, kann der Mensch sich in die Hocke begeben. Dadurch versteht der kleine Schützling viel leichter, was der Mensch wann sagen will.

Ein Training mit Konzept

Kapitel 3 DIE TRICKSCHULE SOLL DEN VIERBEINER IN INNERE UND ÄUSSERE BALANCE BRINGEN UND DEN DIALOG MIT DEM MENSCHEN FÖRDERN.

Gymnastik für Geist und Körper

Was möchten Sie erreichen? Für manche Menschen ist es der größte Erfolg, wenn ihr Hund ein Kunststück beherrscht, das für andere nur die Basis darstellt. Ein Hundehalter sagte neulich: »Mir genügt es, wenn er ›Sitz‹ macht. Einen Zirkushund brauche ich nicht.« Und recht hat er. Denn was sich für den Menschen gut anfühlt, gibt auch dem Hund Entspannung und Ruhe.

Aber wenn Sie Ihrem Hund etwas mehr beibringen möchten, ist es durchaus sinnvoll, dies auch zu tun. Die Schulung der Tricks dient dem Dialog. Sie führen dazu, dass der Mensch sich planvoll und geregelt mit dem Hund auseinandersetzt, ihn kennenlernt und besser versteht. Zudem fördern die Übungen das Konzentrationstraining, die Belastbarkeit und die Beweglichkeit des Körpers.

Das richtige Training hilft, den Hund in Balance zu bringen

Einige Lektionen in diesem Buch sind von den körperlichen Abläufen her unserem Fitnesstraining vergleichbar und können ebenso gezielt und effektiv eingesetzt werden.

Nicht nur Bodybuilding

Es ist fantastisch mitzuerleben, wie sich ein kräftiger Körper mithilfe der gymnastischen Übungen formt und entwickelt. Wir schulen fast alle Tricks in diesem Buch auch im Umgang mit Pferden. An ihnen, kurzhaarigen Tieren mit riesigen Muskelpartien, lässt sich dies besonders gut beobachten.

Besseres Körpergefühl

Die Art von Bodybuilding, die auf der HarmoniLogie Methode basiert, fördert das Körpergefühl der Tiere auf unvergleichliche Weise. Die individuelle körperliche »Schiefe«, die nach meiner Erfahrung fast jedes Tier besitzt, kann so aufgespürt und ausgeglichen werden. Es macht Freude zu erkennen, wie leicht der Umgang mit den Tieren wird, die ihre Balance auf diesem Weg gefunden haben.

Gleichwertige Übungen. Mit Zirkus hat die Trickschule nicht viel zu tun. Lektionen, die wichtig für den Alltag sind, wie Herkommen, Sitzen, Liegen, werden ebenso mit dem Ziel verbindlicher Abrufbarkeit und Lenkbarkeit gearbeitet wie der Slalom oder die Rolle. Aber natürlich spricht nichts dagegen, die Tricks am Ende voller Stolz gemeinsam vorzuführen!

Die Schulung der Tricks

Wenn Sie mit der Schulung beginnen, empfehle ich Ihnen Sorgfalt, Ruhe und ein gutes Konzept. Arbeiten Sie die Lektionen so, dass sie den körperlichen Eigenschaften des Tieres entsprechen und dass jede klar durch Anfang und Ende begrenzt ist. Während des Trainings erkennen Sie vielleicht, dass Ihr Hund grundsätzliche Fragen an Sie hat und welche das sind. Sie werden einander gut kennenlernen

An den Karten, die Ihr Hund während des Trainings ausspielt, erkennen Sie sein Lernmuster.

und einen sehr verbindlichen Umgang miteinander bekommen, und Sie werden unzählige kleine Feste mit Ihrem Vierbeiner feiern. Behalten Sie immer das Kartenspiel im Kopf. Vor jeder verschlossenen Tür wird der Hund eine Karte aus seinem Kartenstapel ziehen. Alle zusammen zeigen Ihnen sein individuelles Lernmuster – die Basis, auf der Sie ihn bald ganz leicht zur richtigen Karte navigieren und ihm den Weg zur Lösung zeigen können.

Gymnastik dient auch dem Geist. Ihr Hund lernt, Ihnen zuverlässig Angebote zu machen, mit Ihnen nach Lösungen zu suchen und Ihnen zu vertrauen, dass immer eine offene Tür, immer eine Lösung für ihn bereitsteht. Es wäre schade, diese Möglichkeit in der Beziehung nicht zu nutzen. Viel Spaß dabei!

Was ist für welchen Hund geeignet?

Bei all dem Enthusiasmus, den ich Ihnen von Herzen gern mitgeben möchte, ist es sehr wichtig, dass Sie Ihren Hund gut einschätzen lernen. Denn ebenso, wie viele Menschen kein Talent für ein Physikstudium oder für sportliche Höchstleistungen besitzen, sind manche Übungen für Ihren Vierbeiner weniger geeignet als andere. Diese Grenzen sollten Sie rechtzeitig erkennen und in der Schulung berücksichtigen, um erfolgreich zu sein.

Welche Einschränkungen es gibt

Für Lektionen wie den Spanischen Schritt (→ Seite 105) etwa ist eine kräftige, kurze Rückenmuskulatur nötig. Dem Dackel mit seinem langen Rücken wird diese Lektion immer schwerfallen, egal, wie sehr er sich bemüht; er kann sich dabei sogar Verspannungen im Rücken holen. Das Ausziehen von Kleidungsstücken (→ Seite 142) ist für den kleinen Terrier schwierig, er kommt nicht so leicht an den Reißverschluss wie etwa ein Beauceron. Der Nackthund sollte fokussiertes Apportieren in kalten Fließgewässern nicht erlernen müssen, und ein Basset wird kein Meister der Sprünge.

Handicaps besonders beachten. Einem Hund mit Rückenproblemen können der Slalom und das Kompliment enorm weiterhelfen, der Spanische Schritt ist bei anatomischen Problemen eher schädlich. Gelenkprobleme schließen manche Bewegungsmuster aus, jedoch nicht das Apportieren. Dieses wiederum sollten Sie bei Hunden mit Zahn- oder Kieferproblemen zurückhaltend einsetzen. Nimmt Ihr Hund aber dennoch in seiner Freizeit häufig Dinge ins Maul, spricht auch nichts dagegen, ihm das Apportieren geregelt zu erklären. Halten Sie im Zweifel Rücksprache mit dem Tierarzt oder Physiotherapeuten. Eine Altersbegrenzung gibt es für gesunde Gymnastik nicht. Und den größten und wichtigsten Trick der HarmoniLogie kann jeder Hund lernen: den Trick der Achtsamkeit.

Der wichtigste Trick ist die Angeschlossenheit – sie ist außerdem das größte Glück!

Gespür für den Hund entwickeln

Wenn ich jungen Pferden das Hinlegen beibringe, lege ich sie als Erstes auf die Seite, die sie selbst in ihrer Freizeit bevorzugen. Das erleichtert den Einstieg ungemein.

Vorlieben und Talente. Beobachten Sie Ihren Hund bei seiner natürlichen Bewegung, spüren Sie, was ihm guttut und was ihm leichtfällt. Wenn Sie diese Dinge in die Schulung miteinbeziehen, können Sie nicht nur seine Talente besser fördern, es fällt dem Tier auch leichter, neue Bewegungen zu verstehen.

Genetische Veranlagungen

Ich muss lachen, wenn ich an Leopold denke, den gewitzten Terrier einer Lieblingsschülerin. Dieser Hund schaffte es jahrelang, ihr das Apportieren zu verleiden, indem er ihr zu verstehen gab, dass ihr Retriever solche Aufgaben viel besser könne. Andererseits kasperte er beim Spielen gern mit allerhand Gegenständen im Maul herum. Er kam mir vor wie jemand, der Unfähigkeit vortäuscht, um von lästigen Pflichten entbunden zu werden. In unserer Schulung des Apportierens wuchs Leopold gewiss über sich hinaus, doch auch die Halterin profitierte für die Zukunft.

Zuchtgeschichte. Genetische Voraussetzungen lassen sich nicht einfach umstricken. Wer sich einen Hund anschafft, sollte zwar nach Geschmack entscheiden, aber dabei auch die Zielsetzung im Auge behalten. Sind Wendigkeit, Kraft und hohe Aktivität gefragt, soll der Hund apportieren und soziale Diensthundetätigkeiten beherrschen, oder wollen Sie ihm kleine Geschicklichkeitstricks beibringen? Die Zuchtgeschichte verrät, ob ein Hund auf Gelehrigkeit, Belastbarkeit, Kooperation und Wendigkeit selektiert wurde. Dies glaubt man irrtümlich von vielen Hütehunden, dabei sind sie wegen ihres Beutetriebs und ihrer großen Nervosität eher mit Jagdhunden vergleichbar. Was sie fordern, um ausgelastet zu sein, kann eine Privatperson selten bieten.

Geeignete Rassen. Das Paradestück für die Trickschule ist natürlich der zauberhafte Pudel. Aber auch Schnauzer, Dobermänner, Spaniels, Rottweiler, Dalmatiner, Retriever, Ridgebacks und Terrier sowie unzählige Mischlinge bringen großes Talent mit. Wenn Sie Ihren Ehrgeiz den Fähigkeiten, der Trainierbarkeit und der Belastbarkeit des Hundes anpassen können, ist die Trickschule ein guter Nährboden für eine gelungene Partnerschaft.

Die Trickschule ist kinderleicht. Sie erzeugt Stolz, Spaß und Freude beim gemeinsamen Training.

Team aus Mensch und Hund

Auch die Zusammensetzung der einzelnen Teams ist von großer Bedeutung. Nervöse Hunde, die aufgekratzte Menschen haben, Vierbeiner mit hoher Grundspannung und Menschen, die nie zur Ruhe kommen, oder phlegmatische Hunde mit trägen Hundehaltern bestätigen einander nach kurzer Zeit in ihrem Naturell.

Selbsterfahrung. Bei der Arbeit mit Ihrem Tier lernen Sie auch sehr viel über sich selbst – über Ihr Naturell, Ihre Grenzen, Ihre Sprache und Wirkung. Die eigenen Grenzen und die des vierbeinigen Partners zu erkennen und sich danach zu richten, erweitert den Horizont mehr als nur ein Trick.

Grenzen überschreiten. Doch man kann auch über seine Grenzen hinauswachsen. Überprüfen Sie daher gelegentlich mit gutem Gespür und Ruhe, ob da, wo Ihr Schützling meint, wirklich schon die Grenze erreicht ist.

Der Aufbau der Schulung

Am Ende der Unterrichtsstunde gibt meine Schülerin ihrem Flat Coated Retriever ein leises Signal. Anmutig läuft die Hündin los, geradewegs auf den Gegenstand zu, den ihre Besitzerin mit den Augen fixiert. Sie nimmt den Gegenstand auf, bringt ihn zu einer anderen Person, wendet auf dem Absatz und kommt wie von Geisterhand gelenkt wieder neben ihrem Menschen zum Sitzen.

In den Augen des Vierbeiners ist ungeteilte Aufmerksamkeit und Konzentration zu erkennen, die Rute wedelt entspannt hin und her, und der ganze Hund scheint erfüllt von dem sogenannten »Will to please«, dem Wunsch, seinem Menschen zu gefallen. Die Besitzerin strahlt über das ganze Gesicht und sieht ihren Hund mit einem Blick an, den man als verliebt interpretieren könnte.

Jeder Schritt zum Gespräch ist außerordentlich lohnenswert

Die beschriebene Hündin ist nun vier Jahre alt; mit sechs Monaten kam sie zu uns. Sie bestätigt wieder einmal eine alte Hundeweisheit: dass nämlich ein Hund erst gereift und erwachsen ist, wenn er unter jeder Pfote ein Jahr hat.

Die Reife von Hunden

Die Dauer der Ausbildung lässt sich nicht willkürlich festlegen. Ihr Hund wird Ihnen zeigen, wann er aufgrund seiner inneren Reife das Ausbildungsziel erfüllen kann. Ich empfinde die ersten zwei Jahre eines jungen Hundes immer nur als ein Anlegen von Links, ein Einrichten von Wegen, ein grundsätzliches In-die-Spur-Bringen. Die zwei Jahre, die darauf folgen, sind dagegen gefüllt mit Kreativität, Produktivität und einem ungleich schnelleren Lerntempo.

Vorsicht vor zu viel Ehrgeiz

Die Erziehung eines jungen Hundes sollte sich an seiner Entwicklung und nicht am Ehrgeiz des Menschen orientieren. Unsere Schulung ist schlüssig aufgebaut, die Lektionen folgen nach einem logischen Prinzip aufeinander. Wer bereits einen Hund ausgebildet hat, erwartet oft vom nächsten besonders schnelle Fortschritte. Vergessen Sie aber nicht die vielen kleinen Schritte und die fröhlichen Feste, die der erste Schüler bis zur Reifeprüfung erlebt hat.

Ein Schritt nach dem anderen

Geduld sollte der Mensch mit seinem Hund nur bezüglich seiner Reife aufbringen, nicht aber in Bezug auf seine Gesprächsbereitschaft. Wer einmal das Gefühl der Einigkeit mit seinem Vierbeiner gespürt hat, der weiß, dass sich der Weg lohnt. Beginnen Sie aber wie gesagt jeden neuen Schritt erst, wenn der vorige ganz abgeschlossen ist – andernfalls würfelt Ihr Schüler die Lektionen durcheinander, und die Trickschule wird zur Mogelpackung.

> Die kleinen Feiern mit Ihrem Hund sind genauso wichtig wie die Erklärungen im Unterricht.

Schulen Sie Ihren Hund so, dass Sie jede erwünschte Bewegung jederzeit abrufen, aber auch wieder stoppen können. Außerdem soll der Hund die Lektionen differenzieren und Ihre Anweisungen geduldig abwarten können. **»Was« und »Wie«.** Halten Sie beides auseinander. Jede Lektion wird zuerst über den Tatbestand (»Was«) aufgebaut: Ihr Hund lernt etwa, dass er die Rolle machen soll. Das »Wie« betrifft dann die Art und Weise: In welche Richtung rollt er? Soll er danach liegen bleiben? Soll er die Rolle auf Steinen, auf dem Teppich, auf nassem Gras machen? Um Fehler zu korrigieren, geht man immer zum Tatbestand »Was« zurück; so lässt sich schnell diagnostizieren, wo die Fragestellung unklar blieb.

HILFEN UND SIGNALE IN DEN LEKTIONEN DER AUSBILDUNGSSKALA

Ziehende Hilfe	Der Name des Hundes. Gehört der Hund zu einer Gruppe, die angesprochen werden soll, wird statt seines individuellen Namens sein Gruppenname verwendet.
Treibende/schiebende Hilfe	Leises Brummen oder Knurren, das Höflichkeit und Distanz fordert. Signale wie »Na« oder »Nein« können als leichtere treibende Hilfe verwendet werden.
Das Herkommen	»Hierher«, »Zu mir«, »Ici«
Differenzierte Körperhaltungen:	
Das Sitzen	»Hinsetzen«, »Sitz«
Das Stehen	»Steh«, »Stand«, »Stop«
Das Liegen	»Leg dich bitte«, »Hinlegen«, »Mach Platz bitte«
Bei Fuß links oder rechts	»Fuß« und »Hand«; »Links Fuß« und »Rechts Fuß«
Slalom durch die Beine	»Und durch«, »Durch«
Die Rolle	»Rolle«
Das Flachliegen	»Flachliegen«
Das Eindrehen und Anschließen	»Fuß«, »Hand«; »Links Fuß«, »Rechts Fuß«
Das Back Round	»Back round«
Der Rückwärtsslalom (Back Durch)	»Back durch«
Das Home	»Home«
Das Aufrecht (Pfoten auf den Arm)	»Aufrecht«
Sprung auf den Arm	»Hopp«
Sprung über den Arm	»Arme«
Sprung durch die Arme	»Hepp«
Sprung über das Bein	»Beine«, »Beinchen«
Sprung durch die Beine	»Und durch«, »Durch«
Seilspringen	»Und hepp«
Das Kompliment	»Kompliment«
Spanischer Schritt	»Tip« und »Tap«
Das Steigen	»Und hoch«
Das Häschen	»Hasi«

Ausbildungsskala für junge und erwachsene Hunde

Die Ausbildungsskala gibt die logische Reihenfolge der Lektionen an; viele von ihnen setzen die Kenntnis anderer voraus. Wie ein Autoatlas dient die Skala dem Menschen zur Orientierung, wo er gerade ist. Wir unterteilen unsere Schulung in drei große Blöcke. Inhaltlich lassen sich Lektionen des Angebots von solchen der Abwehr unterscheiden.

Lektionen des Angebots und der Abwehr

Für junge Hunde ist die Karte des Angebots wichtig; nur für reifere, erwachsene Tiere kann auch die Abwehrkarte eine Rolle spielen.

Lektionen des Angebots. Der überwiegende Teil der Lektionen arbeitet mit der Karte des Angebots. Darin stehen Höflichkeit und leichte Lenkbarkeit im Vordergrund, die zentralen Themen der HarmoniLogie. Junge Tiere, die noch nicht so stark in der Spur des Menschen sind, sollten ausschließlich Lektionen des Angebots erlernen.

Lektionen der Abwehr. Nur die letzten drei Lektionen der Schulung (→ ab Seite 104) spielen mit dem Abwehrverhalten des Vierbeiners. Sie fordern Reaktionen, die man bei einem undisziplinierten Jungspund noch nicht sehen will. Beim Spanischen Schritt etwa lernt ein Pferd, sich gezielt mit dem Ausschlagen des Vorderbeins gegen eine von mir simulierte Fliege zu wehren. Angesichts seiner 550 Kilogramm Körpergewicht möchte ich diese Möglichkeit noch lange geheim halten, bevor ich sie dem Schützling ganz allmählich im Lauf der Ausbildung preisgebe. Denn nur ein gereiftes Tier kann auch mit der Abwehrkarte Höflichkeit ausdrücken.

Erste Stufe: die Basislektionen

Am Anfang der Ausbildung wird zunächst das Fundament für jeden Dialog gebildet.

- Aufmerksamkeit, erzielt durch das System der ziehenden und schiebenden Hilfen
- Herkommen (→ Seite 33)
- Erlernen der differenzierten Körperhaltungen wie Liegen, Sitzen, Stehen (→ Seite 71)
- Bei Fuß links und rechts: Finden der kontrollierten Position am Menschen (→ Seite 75)
- Slalom durch die Beine in Vorwärtslaufrichtung (→ Seite 76)
- Die Rolle: eine Drehung über die Längsachse des Hundes im Liegen (→ Seite 78)
- Das Flachliegen (→ Seite 80)
- Das Eindrehen und Anschließen (→ Seite 82)
- Das Back Round (→ Seite 84)
- Der Rückwärtsslalom (→ Seite 86)
- Das Home (→ Seite 88)
- Das Aufrecht (Pfoten auf den Arm) (→ Seite 139)

Hoch konzentriert und dennoch gelassen arbeitet dieser Hund im System der HarmoniLogie mit.

Zweite Stufe: die Sprünge

Ab dem vollendeten ersten Lebensjahr kann ein normaler, gesunder, gut gebauter Hund die folgenden Lektionen erlernen. Vorsicht: Für junge Hunde sind die Sprünge nicht geeignet; die Gelenke eines Vierbeiners sind nämlich in den ersten zwölf Lebensmonaten so weich, dass sie sehr leicht geschädigt werden können, wenn man den Hund häufig zu Springereien ermutigt. Auch für Hunde mit anatomischem Handicap und für alte Hunde setzt der Lehrplan in der zweiten Stufe aus.

- Sprung auf den Arm (→ Seite 91)
- Sprung über den Arm (→ Seite 93)
- Sprung durch die Arme (→ Seite 95)
- Sprung über das Bein (→ Seite 96)
- Sprung durch die Beine (→ Seite 97)
- Seilspringen (→ Seite 98)

Dritte Stufe: die Hohe Schule

Die Lektionen der Hohen Schule nennen sich so, weil der Hund zum Erlernen dieser anspruchsvollen Tricks bereits etliche Grundvoraussetzungen mitbekommen haben muss. Noch aus dem Bereich des Angebots kommt die erste Lektion der Ausbildungsstufe, das Kompliment. Es sollte unbedingt abgeschlossen sein und vom Hund sicher beherrscht werden, bevor mit der Schulung der darauffolgenden drei Abwehrlektionen am Vorderbein begonnen wird.

- Das Kompliment (→ Seite 101)
- Der Spanische Schritt (→ Seite 105)
- Das Steigen (→ Seite 106)
- Das Häschen (→ Seite 108)

Die Lektionen der Hohen Schule sind sozusagen die Kür der Ausbildung. Wenn Sie der Skala Schritt für Schritt folgen, werden Sie am Ende einen hoch motivierten Trickhund erleben, der sich mit Freude führen lässt.

Politik der kleinen Schritte

Erinnern Sie sich noch an den VW Käfer der 1970er-Jahre? Damals war man mit einem Schraubenschlüsselset für fast jede Reparatur gewappnet. Alle Einzelteile waren separat zu bedienen und konnten gezielt erneuert werden. Heute lassen sich dagegen mit einem Schraubenschlüssel gerade noch die Räder eines Neuwagens wechseln. Tritt an irgendeiner anderen Stelle ein Fehler auf, dann müssen ganze Blöcke ausgetauscht werden.

Jedes Element für sich. Unsere Schulung ist ähnlich aufgebaut wie der alte Käfer: Jeder einzelne Schritt einer Lektion wird für sich geschult, in Ruhe erklärt und kann losgelöst von den übrigen Schritten verbessert werden. Durch die Variation der äußeren Faktoren wird die Lektion erweitert und gefestigt.

Eine Frage – eine Antwort

Nehmen Sie sich im Dialog mit dem Hund immer nur eine Frage vor, und warten Sie die richtige Antwort ab, bevor Sie die nächste Frage stellen. Wenn beispielsweise die Frage des Hinlegens richtig beantwortet wurde und auch das »Wie« schon gestaltet ist, können Sie ein einzelnes Element des Trainings verändern. Das mag der Ort sein, an dem die Lektion unterrichtet wird, der Untergrund, auf dem der Hund übt, oder auch das Maß an Ablenkung, das er ignorieren lernen muss.

Mit Geduld zum Erfolg. Machen Sie nicht den Fehler, Ihrem Schützling mehrere Fragen gleichzeitig zu stellen. Behalten Sie den Überblick, wie schwer die Lektion durch die Veränderung der äußeren Einflüsse bereits geworden ist, und entwickeln Sie ein Gespür dafür, wie viele Variationen noch machbar sind. Die Politik der kleinen Schritte garantiert dem Hund den Erfolg.

Ein winziger Schritt. Nur wenigen Menschen ist bewusst, wie klein die Schritte sein dürfen, mit denen man erfolgreich vorwärtskommt. Ein Beispiel: Sie schulen das Hinlegen. Im Lauf der Lektion wenden Sie als Unterstützung eine Pressur mit Daumen und Zeigefinger im Nackenmuskel des Hundes an. Schon die Tatsache, dass er mit Achtsamkeit oder einem neuen Angebot auf diese Pressur reagiert, kann als Erfolg gefeiert werden, angesichts dessen Sie die Lektion für den Tag auch beenden. Der Hund wird abspeichern, dass es sich lohnt, die Lösung in dieser Richtung zu suchen, und das gleiche Verhalten in der nächsten Einheit sofort wieder anbieten.

Lerntempo als Schrittmesser

Damit keine Missverständnisse entstehen: Sie können im Training mit viel Zeit und sehr langsam vorgehen, dies muss aber nicht der Fall sein. Den Ausschlag für die Geschwindigkeit sollte das Lerntempo des Tieres geben.

Hinlegen und aufstehen. Lernt der Hund etwa die Bewegung des Hinlegens schnell, schafft es dann aber nicht, auch längere Zeit liegen zu bleiben, entscheidet dieser Punkt über das Ende der Einheit: Die Lektion wird unterbrochen, sobald der vierbeinige Schüler nicht mehr die Frage stellt, ob er endlich wieder aufstehen darf. Bis dahin erfährt der Hund aber jedes Mal, wenn er aufstehen möchte, eine Kritik, die ihn wieder in die gewünschte Position bringt.

Variation und Ablenkung. Erst wenn dieser Schritt des »Was« abgeschlossen ist, erweitern wir das Training: Der Mensch wechselt seine Position, er steht beispielsweise auf, während der Hund liegt, oder er ändert die Örtlichkeit, trainiert etwa im Wohnzimmer statt in der Küche oder im Garten statt im Haus.

Die Faktoren, die zur Störung oder Ablenkung führen können, sind bei jedem Hund anders. Der Trainer nimmt sie wahr und setzt sie gezielt und wohldosiert ein, um einen Schulungsfortschritt herbeizuführen.

Freude und Spaß sind für den motivierten Hund die Triebfedern bei der Arbeit. Schwung und Dynamik sowie eine gezielte Schulung bringen ihn dazu, sich im Miteinander verbindlich zu verhalten.

Dem roten Faden folgen – im Vertrauen auf die Lösung

Der Wert einer guten Versicherung besteht darin, dass wir uns auf sie verlassen können, wenn wir sie benötigen. Auch das Konzept der Tierschule sollte Elemente beinhalten, die dem Tier Sicherheit und Vertrauen geben.

Beweisen Sie Ihre Glaubwürdigkeit

Ein Trainer, der dem Hund die Suche beibringt, verspricht dabei implizit, dass es etwas zu finden gibt – und dieses Versprechen muss er halten, damit ihm der Hund beim nächsten Mal wieder vertraut. Ein als glaubwürdig wahrgenommener Mensch erkennt zudem, ob sein Hund schon für die nächste Lektion in der Ausbildungsskala bereit ist, und überfordert ihn nicht durch zu schnelles Vorgehen.

Die Lektion gerät ins Stocken. Stelle ich fest, dass der Hund nicht weiterkommt, weil er ein für mein Empfinden leichtes Lernziel nicht erreicht, dann frage ich mich zuerst, ob er überhaupt nach einer Lösung sucht oder vielleicht gar nicht mit mir kommuniziert. Also: Kann er nicht oder will er nicht?

Der Hund kann es nicht. In diesem Fall gehe ich in der Schulung zu dem Schritt zurück, den ich vorher unterrichtet hatte, und erkläre dem Hund den Ablauf noch einmal neu. Vielleicht habe ich ihn mit meiner Achse blockiert, ihm im Weg gestanden, die verkehrte Hilfe gegeben oder ihn einfach überfordert.

Der Hund will es nicht. Wenn er nicht will, verlasse ich die Lektion komplett und hole meinen Schüler erst einmal aus dem Funkloch. Hier wird immer nach demselben Prinzip vorgegangen: Man spricht den Hund leise und beiläufig mit dem Namen an (ziehende Hilfe); wenn er nicht unmittelbar mit Blickkontakt reagiert, dann verwendet man ein Knurren als treibende Hilfe. Die Fragestellung des Menschen, »Könntest du bitte Abstand halten und mir Höflichkeitssignale senden?«, muss entsprechend beantwortet werden. Das heißt, der Hund macht ein aktives Angebot und signalisiert Gesprächsbereitschaft. Nun kann ich mit der Lektion fortfahren.

Ein geschulter Apportierhund nimmt zuverlässig jeden Gegenstand und ist überall einsatzbereit.

Konsequenz im Dialog

Während der Schulung können kommunikative Fehler auftreten, die die Glaubwürdigkeit untergraben. Angenommen, der Hund soll das Herkommen erlernen. Er wird mit dem entsprechenden Signal gerufen, schaut jedoch in die andere Richtung.

Einsatz der Hilfen. Nun gibt der Mensch die ziehende Hilfe, ruft also den Hund mit seinem Namen. Dieser reagiert nicht. Der Mensch knurrt ihn an – eine treibende Hilfe. Und jetzt wird es spannend: Der Hund kommt. Aber stopp, das soll er ja gar nicht! Mit dem Knurren wurde er gebeten, Abstand zu halten und Höflichkeitssignale zu senden. Seine Antwort, »Klar, ich komme!«, ist falsch. Wer den Hund nun dennoch bestätigt, handelt inkonsequent, schadet damit der Glaubwürdigkeit und erschwert langfristig die Durchführung des Konzepts. Denn auch wenn Sie letztlich mit der Lektion erreichen wollen, dass der Hund kommt, muss er an dieser Stelle erst einmal Ihre aktuelle Frage beantworten: Er muss zumindest mit der Schulter die Distanz zu Ihnen erweitern, aktiv wedeln und Blickkontakt halten. Erst wenn er das getan hat, können Sie ihn wieder mit der ziehenden Hilfe in Ihre Richtung einladen und ihm das Signal für das Herkommen nochmals erklären.

Zum Gespräch bereit? Man kann es nicht oft genug betonen: Der rote Faden der HarmoniLogie ist die Gesprächsbereitschaft. Solange sie fehlt, braucht man nicht weiterzumachen. Besteht sie aber, dann gilt es bei Fehlermeldungen herauszufinden, ob die Lektionen, auf denen aufgebaut wird, verstanden und ausreichend erklärt wurden. Wer diesem Prinzip folgt, garantiert seinem Hund den Erfolg.

Das Konto der Kritik

Damit meine vierbeinigen Schützlinge die Ausbildung motiviert durchlaufen und erfolgreich abschließen, müssen sie sich darauf verlassen können, dass es nicht permanent Kritik hagelt. Viele Menschen verlieren da beim Unterrichten schon mal den Überblick.

In den schwarzen Zahlen bleiben

Stellen Sie sich die Kritik, die Sie äußern dürfen, wie ein Konto vor, das immer in den schwarzen Zahlen bleiben muss. Sie haben nur ein geringes Guthaben, das Sie sorgfältig investieren müssen. Haben Sie es ausgegeben, können Sie die nächste Investition erst tätigen, wenn neues Guthaben angespart ist. Dies lässt sich durch gezieltes und angemessenes Loben beschleunigen.

Aufsplitten komplexer Aufgaben. Heute soll der Hund etwa das Apportieren lernen. Er ist schon so weit, dass er den Gegenstand sicher ins Maul nimmt. Nun soll er ihn einen Moment halten und dann zu seinem Menschen bringen. Das sind zwei Fragen gleichzeitig, also auch zwei Fehlerquellen. Um zu vermeiden, dass ich ihn doppelt kritisieren muss, teile ich die Aufgabe: Zuerst frage ich meinen Vierbeiner, ob er den Gegenstand auch halten kann, wenn ich aufstehe und mich wieder hinhocke. Hat er das verstanden, dann trete ich einen kleinen Schritt zurück und lade den Hund ein, indem ich ihn beim Namen nenne (ziehende Hilfe). Wenn er auch darauf die korrekte Antwort gibt und Blickkontakt

> **DER »WILL TO PLEASE« BEI HUNDEN** (INFO)
>
> Der »Will to please« bezeichnet den Wunsch, seinem Gegenüber zu gefallen und es ihm recht zu machen. Dies ist bei vielen Hunden ihrem Menschen gegenüber spürbar, selbst wenn sie nicht genetisch darauf selektiert wurden wie der Retriever. Das aktive Angebot beinhaltet den »Will to please« – über das Spiel mit dieser Karte kann man dieses wunderbare Verhalten des Hundes optimal fördern.

aufnimmt, schließe ich das Signal für Holen an. In dem Moment, in dem er aufsteht, lässt er jedoch den Gegenstand fallen – er kann die beiden Dinge noch nicht miteinander verknüpfen. Offenbar ist das Halten in Bewegung noch nicht fertig erklärt; wir können also das Holen vorerst noch beiseitelassen.

Frage umformulieren. Ich bitte nun den Hund, den Gegenstand wieder aufzunehmen, versuche aber diesmal, eine kleine Bewegung mit ihm zu machen. Manchmal fällt es den Tieren nämlich leichter, sich neben dem Menschen zu bewegen, als zu ihm hinzugehen. Vielleicht ist ja in ihrem Kopf die Bewegung zum Menschen schon belegt mit dem Herkommen und Vorsitzen. Die Aufgabe, dies mit einem Gegenstand im Maul zu tun, ist dann noch zu viel verlangt. Sie wissen ja, Multitasking ... Ich reduziere also den Schritt weiter und freue mich, dass mein Schüler jetzt wieder auf die Suche nach einer Lösung geht.

Gelassen warten, bis es weitergeht: Eine gute Zusammenarbeit bedeutet auch Teamarbeit.

Kritik ausgleichen. Habe ich den Hund für einen Fehler kritisiert – in unserem Beispiel für das Fallenlassen des Gegenstandes, etwa mit einem »Nein, nimm« –, dann muss ich meinen Kontostand wieder ausgleichen. Ich werde also den Hund für das erfolgreiche Wiederaufnehmen aktiv loben; so bleibe ich in den schwarzen Zahlen. Mit jedem Lob kann ich einen kleinen Ausgleich schaffen und auf diesem Weg zudem meinen Schützling in ein inneres Gleichgewicht bringen.

Zu Kritikfähigkeit erziehen

Die Arbeit über das Konto der Kritik vermittelt dem Hund nicht nur Vertrauen und Sicherheit, sondern führt auch zu einer enorm hohen Kritikfähigkeit. Der Hund bekommt eine Rückmeldung, wenn er einen Fehler macht, aber er erhält auch sofort ein Lob, wenn er etwas richtig macht. Mit dieser Aussicht auf Erfolgserlebnisse führt jede Kritik zum aktiven Suchen neuer Lösungen und nicht dazu, dass der Hund ständig ausgebremst wird, bis er frustriert aufgibt.

Programmieren auf Erfolg – Ziele erreichbar gestalten

Es ist ein wunderschönes Gefühl, gemeinsam mit dem Hund neue Bewegungen und Bewegungsabläufe, ganze Lektionen oder sogar kleine Choreografien auszutüfteln. Diese Begegnungen im Jetzt, das regelmäßige Feiern kleiner Feste und die verbindlichen Verabredungen mit Ihrem vierbeinigen Freund dürfen Sie als gelungene Beziehungspflege werten. Sie können ihn aber auch regelrecht auf Erfolgskurs bringen, wenn Sie nur einige grundlegende Dinge beherzigen.

Motivieren leicht gemacht

Der Hund muss den Erfolg wollen und daran glauben. Dazu können Sie ihn bringen, wenn Sie die besprochenen Dinge umsetzen. Der exakte Einsatz von Lob, das sparsame Haushalten mit Kritik, das Aufsplitten von Lernschritten und das Gewährleisten einer Lösung sind die Säulen der Motivation. Die Gewissheit des Hundes, dass er unter Ihrer Führung auf jeden Fall auch das Ziel erreichen wird, beschleunigt sein Lerntempo. Das Spiel mit den sechs Karten (→ Seite 19) wird Ihnen hierbei sehr helfen, denn Sie werden in den Schulstunden ein immer besseres Gespür für das System aus Frage und Antwort bekommen. Wenn Sie den Hund nicht deuten, werden Sie lernen, ihn zu lesen und zu navigieren. Sie werden erleben, dass das richtige Lob den Weg zum Erfolg ebnet. Immer schneller wird es Ihnen gelingen, die richtigen Türen zu öffnen und die falschen zu verschließen.

Erleichterte Wegführung

Erinnern Sie sich noch an mein »Navi für Schafe«, genauer meine Behandlungsanlage (→ Seite 26)? Wenn ich dort die Schafe vom einen in den nächsten Pferch treiben möchte, dann ist das einfach, weil nur das richtige Tor geöffnet ist. Hätten die Schafe mehrere Tore zur Auswahl, müsste ich sie so lange hin und her treiben, bis sie irgendwann durch Zufall im richtigen Pferch landen. Das Ausschließen von Fehlerquellen – oder das Verschließen <er Türen – führt gezielt zur Lösung.

Hilfsmittel für Hunde. Auch in der Tierschule arbeiten wir mit Hilfsmitteln: mit der kurzen oder langen Leine, mit äußeren Begrenzungen durch Wände oder Zäune, mit dem gezielten Stützen des Hundekörpers, ohne ihn jedoch durch Kraft zu zwingen. So gelangt der Hund fast automatisch zur richtigen Lösung, und das Konto der Kritik bleibt ausgeglichen. Manchmal sind Ziele für den Schüler nicht erreichbar, weil zu viele offene Türen, zu viele Antworten zur Auswahl stehen. Daher sollte man regelmäßig über den Ablauf der Schulung reflektieren und sich gut organisieren, bevor man ans Werk geht. Ich nehme lieber ein Hilfsmittel mehr mit zum Training, selbst wenn es dann gar nicht zum Einsatz kommt.

Tiefe Bindung ist das Resultat einer gelungenen Partnerschaft zwischen Mensch und Hund.

Lösung suchen lassen. Die Schafe, die den geöffneten Pferch finden sollen, müssen aber auch die Möglichkeit bekommen, danach zu suchen. Wenn ich Türen verschließe, dann darf die offene Tür nicht zu gut versteckt sein. Es lohnt sich immer, sich während der Arbeit zu fragen: Kann der Hund die Lösung finden, oder bin ich heute schon zufrieden, wenn er in der richtigen Richtung sucht? Möglicherweise findet er die Lösung ja beim nächsten Mal. Die Zeit haben Sie allemal!

Konzentration pur. Wenn Schule Freude macht, ist das Unterrichten wirklich einfach.

Leise Sprache, feine Zeichen

Sie gehen mit Ihrem Hund spazieren. Ein leises Schnalzen genügt – Ihr kleiner Freund kommt angeflitzt und schließt sich Ihnen positiv aktiviert an. Ein schönes Gefühl!

Sensibilisierung auf Signale

Wenn der Hund zuhört, ist laute Sprache nicht nötig, sie kann sogar kontraproduktiv sein. Daher sollten Sie lernen, leise zu sprechen – leise, aber dennoch deutlich. Eine Vibration Ihrer Stimmbänder muss fühlbar sein, die Buchstaben werden gesprochen und nicht gehaucht. Ihre Stimme muss Entspannung und Gelassenheit transportieren.

Mit großer Leichtigkeit. Die Leichtigkeit im Umgang mit dem Hund erreichen wir, indem wir ihn auf Signale sensibilisieren. Dies geschieht am Anfang der Ausbildung über die beiden Hilfen, die jedoch im Lauf der Zeit immer mehr an Bedeutung verlieren, sodass für jede Bewegung nur noch ein eindeutiges Signal übrig bleibt (→ Seite 56).

Beginn der Schulung. Geben Sie dem Hund am Anfang ein leises Signal, etwa »Hinsetzen«. Der Hund ist nicht achtsam. Setzen Sie also die leise treibende Hilfe ein, zunächst mit Impulsstärke 0 (→ Seite 40): Knurren Sie ihn leise an. Der Hund ist nun achtsam; Sie wiederholen höflich das Signal zum Hinsetzen.

Unterstützung reduzieren. Ein Beispiel dazu: Der Hund hat die Rolle erlernt (→ Seite 78). Nun soll er die Lösung selbstständig, ohne helfende Hände finden. Das versteht er nicht. Also müssen Sie einen Trick anwenden: Geben Sie das Signal »Rolle« und dann eine leise Störung, etwa »Na«, die vor der folgenden Berührung warnt. Diesmal berühren die Hände den Hund nicht mehr angenehm stützend, sondern mit leichtem Druck auf den Nasenrücken. Nun findet er die Hand lästig und wird in Zukunft ausweichen, wenn »Na« ertönt. Jedes Mal, wenn Sie die Lektion durchführen, beginnen Sie voll Zuversicht, dass der Hund die Lösung allein findet. Erst wenn er dies nicht tut, kündigen Sie durch die Störung »Na« Ihre Berührung an. Macht er die Rolle, ertönt im gleichen Moment wieder das leise, freundliche Signal »Rolle«. Je zuverlässiger der Hund wird, desto mehr tritt die Hilfe zurück und macht der Selbstständigkeit Platz.

Harmonisch und höflich. Bemühen Sie sich stets, jegliche Spannung aus den Signalen zu nehmen. Durch das Spiel aus Harmonie und Disharmonie, aus Anspannung und Entspannung reduziert sich die Kommunikation auf die Elemente der Leichtigkeit und Höflichkeit. Sie können Ihren Hund nun jederzeit achtsam machen. Hilflosigkeit ist passé und kein Anlass mehr für laute, hektische Umgangsformen.

Gebote, keine Verbote

»Lass das, hör auf damit!« Mit angespannter, leicht hysterischer Stimme zieht die junge Frau ihren Pudel von dem anderen Hund weg. Angesichts der kräftemäßigen Überlegenheit gibt der Pudel widerwillig nach und lässt sich noch ein Stück an der Leine weiterzerren. Aktiv unterlassen hat der Pudel jedoch gar nichts. Er wurde – genau wie das Kind mit dem Kugelschreiber auf Seite 12 – quasi gezwungen und wird sich bei der nächsten Gelegenheit wieder genauso verhalten. Denn er hat nicht verstanden, was geschehen ist.

Der Trick mit den Tricks

Stellen wir uns die gleiche Szene noch einmal vor: Der Pudel zerrt an der Leine, hin zu seinem vierbeinigen Kumpel. Diesmal aber nennt die Frau ihren Hund beim Namen (ziehende Hilfe). Der Pudel reagiert nicht. Also setzt Frauchen eine treibende Hilfe ein, zunächst mit Impulsstärke 0 (→ Seite 40). Darauf reagiert der Hund bereits: Er sendet Höflichkeitssignale. Die Frau gibt entspannt und freundlich wieder die ziehende Hilfe, spricht also noch einmal den Namen des Hundes aus. Nun entscheidet sich der Hund aktiv für den Menschen. Ohne durch körperliche Stärke überwunden zu werden, kehrt er um und kommt positiv aktiviert zu seinem Menschen. Hier gibt es ein dickes Lob – und zwar für beide!

Wodurch kam der Erfolg? Der Hund wurde kritisiert – allerdings nicht dafür, dass er sich für einen anderen Hund interessiert hat (denn das darf er), sondern dafür, dass er auf das Signal seines Menschen nicht reagiert hat. Der Hund wurde über die treibende Hilfe aktiviert, fand die Lösung und wurde daraufhin kräftig gelobt (→ Seite 44).

Kritik sinnvoll gestalten. Die Frau hat durch ihr Vorgehen die Möglichkeiten der Kritik voll ausgeschöpft: Sie untersagte nicht nur ein unerwünschtes Verhalten (»Lass das!«), sondern bot stattdessen auch eine Alternative an: »Komm zu mir (und hol dir ein Lob ab).« Auf diese Weise kann man die Lektionen der Trickschule (→ Kapitel 4) sogar dazu einsetzen, beim Hund die erste und wichtigste Lektion der Achtsamkeit zu festigen.

Alternativen anbieten

Durch Gebote erreichen Sie bei Ihrem Vierbeiner – wie auch bei Menschen – deutlich mehr als durch Verbote. Wenn er etwa bellt, weil es an der Tür klingelt, und Sie rufen ihn nur zur Ruhe, dann hält er sich – im übertragenen Sinn – vielleicht die Pfote vors Maul, bellt aber innerlich vermutlich weiter. Damit das nicht passiert, muss ich ihn zwar zunächst

Spaß im Doppelpack: Ein echtes Team agiert gezielt, dynamisch und verbindlich.

für das Bellen kritisieren; gleich darauf kann ich ihn aber auf andere Gedanken bringen, indem ich ihn etwa eine Rolle, einen Slalom oder einen kleinen Apportiertrick machen lasse. So bringe ich ihn nicht nur vom Bellen ab, sondern stelle wieder einmal sein inneres Gleichgewicht her.

Perfekte Alltagstauglichkeit

Der Trick mit den Tricks ist verblüffend einfach und hilft vielen Mensch-Hund-Teams, schwierige Situation auch im Alltag elegant zu meistern. Mit diesem System werden Sie deutlich mehr Spaß an den Abenteuern mit Ihrem Hund haben. Und wenn Ihr Lumpi lieber heruntergefallene Taschentücher für Sie aufhebt, als sich mit Nachbars Strolchi zu zoffen, dann fühlen sich nicht nur die Hunde wohler. Dann haben Sie es geschafft, Ihren Schützling in Ihre Spur zu bringen. Der anerkennende Blick des Nachbarn mag auch etwas Neid enthalten – den haben Sie sich dann verdient ...

Wer bewegt wen? Eine elementare Frage, die das System der Leinenführigkeit neu beleuchtet.

Die intelligente Lektionsfolge

Während der Schulung von Tricks stößt man, wie auch sonst im Leben, oft auf Schwierigkeiten, mit denen man nicht gerechnet hat. Der Ablauf erschien so einfach, und dann muss man erkennen, dass er das gar nicht ist. An dieser Stelle ist Ihre Kreativität gefordert.

So hilft der eine dem anderen

Es kommt vor, dass Hund oder Mensch auf dem Schlauch stehen und die Lösung einfach nicht sehen. Die intelligente Lektionsfolge soll aufzeigen, wie Sie Ihrem Hund mit Kreativität und auf der Basis bereits erlernter anderer Lektionen helfen können, den Weg zur neuen, versteckten Lösung zu finden.

Beispiel 1: Kompliment. Wir schulten einmal eine wunderbare Mischlingsdame im Kompliment, doch sie ließ immer den Kopf zu tief auf den Boden sinken. Daraufhin gaben wir ihr innerhalb des Kompliments eine Apportieraufgabe – die apportierte Rose hielt sie mit erhobenem Kopf im Maul.

Beispiel 2: Slalom. Ein Hund, der im Slalom zu schnell wird, kann durch das Hinlegen zwischen den Richtungswechseln zu einer gesunden Geschwindigkeit finden.

Beispiel 3: Liegen bleiben. Wenn Ihr Hund schlecht auf Distanz liegen bleiben kann, dann bringen Sie ihm doch die Rolle auf Distanz bei. In Zukunft wird er aufmerksam hinhören, ob Sie ihn zu sich gerufen haben oder ob er die Rolle machen darf.

Beispiel 4: Sprünge. Versagt Ihr Hund bei den Sprüngen, findet er einfach nicht den Weg durch Ihre Arme, dann erklären Sie ihm den Weg doch über das fokussierte Apportieren: Sie schauen den gewünschten Gegenstand an, doch der Hund gelangt nur dorthin, wenn er durch Ihre Arme steigt.

Übungen flexibel auf den Hund und die Situation abstimmen

Die intelligente Lektionsfolge dient letztendlich nicht nur dem Erlernen neuer Lektionen, sondern verknüpft auch bereits erlernte Lektionen sicherer. Grundvoraussetzung ist natürlich immer, dass der Hund die Lektionen, die wir zur Verknüpfung oder Erklärung nutzen, auch verstanden hat.

Geschwindigkeit variieren. Wenn Lektionen zu schnell ablaufen, können Sie sie verlangsamen, indem Sie immer wieder Ruhepole einbauen. Mehr Geschwindigkeit können Sie dagegen in langsame Bewegungsabläufe und Lektionen bringen, wenn Sie ruhige Übungen mit deutlich dynamischeren verknüpfen. So baut sich die Schulung über die Übungen gegenseitig auf.

Eine besondere Kommunikation. Wenn es Ihnen gelingt, Ihren Hund auf solchen kreativen Wegen zur Lösung zu führen, werden Sie eine unglaubliche Bereicherung verspüren. Es macht Freude, den Dialog mit dem vierbeinigen Schützling auf diesem Niveau zu führen, und Sie werden auf all das Gelernte gemeinsam sehr stolz sein können.

MIT KOMBINIERTEN ÜBUNGEN DIE GESCHWINDIGKEIT REGULIEREN

1 Gut vorbereitet erklärt der Trainer seinem vierbeinigen Schüler den Slalom durch die Beine (→ Seite 76). Damit der Hund seine Bewegungen besser kontrollieren kann, findet das gesamte Training in einer ruhigen, entspannten Atmosphäre statt.

2 In der gelungenen Lektion wird der Hund stets mit dem einfachen aktiven Lob begleitet. Die Körpersprache des Menschen signalisiert Entspannung und Vertrauen. Im Vordergrund steht der gelungene Dialog.

3 Arbeitet der Hund in seinem normalen Übereifer zu unpräzise, können Sie den Slalom mit der Lektion des Hinlegens kombinieren. So wird der Hund ruhiger, weil er eher bremsende als anfeuernde Lektionen erwartet. Das hilft ihm, auf der Suche nach der Lösung sauber und sorgfältig vorzugehen.

Die Trickschule für Hunde

Kapitel 4 DAS HERZSTÜCK DER HARMONILOGIE SIND DIE LEKTIONEN. SIE FÖRDERN DEN DIALOG UND BRINGEN JEDE MENGE SPASS MIT IHREM VIERBEINER.

Bereit zum Gespräch: die Basislektionen

Wer Angebote unterbreitet, setzt meist auf der anderen Seite Interesse voraus. In der Tierschule gehen die Angebote stets von Ihrem Hund aus. Sie halten sich im Gegenzug an das Versprechen, neben den Türen, die Sie verschließen, garantiert eine offen zu lassen. Diese Gewissheit motiviert Ihren Hund, voller Vertrauen nach der Tür – und der Lösung – zu suchen. Wenn Sie darauf spontan und aktiv Kontaktbereitschaft signalisieren, garantieren Sie damit Ihrem Vierbeiner den Erfolg seines Vorhabens; auf dieser Basis werden ihm Ihre Hilfen leicht und spielerisch erscheinen. Hunde, die nach der Harmoni-Logie erzogen werden, zeichnen sich dadurch aus, dass sie Begrenzungen vertrauensvoll wahrnehmen und entsprechende Hilfen in die Lösungsfindung miteinbeziehen.

Ein solides Fundament für die erfolgreiche Schulung

Ihr Hund unterbreitet Ihnen ein Angebot, und Sie unterstützen ihn mit der ziehenden oder der treibenden Hilfe, selbst zur Lösung zu gelangen. So kann der Hund den Lösungsweg als seine eigene Idee abspeichern – und dies sichert den Lernerfolg.

1 Körperhaltungen: Liegen, Sitzen, Stehen

Jeder gesunde Hund kann von Natur aus liegen, sitzen und stehen. Die Herausforderung besteht darin, dies am Ende steuern und jederzeit abrufen zu können. Die drei Körperhaltungen sind die Basis für viele Lektionen und sollten gründlich geschult werden.

Das Herkommen: Zu Beginn der Ausbildung haben Sie Ihren Hund mit der ziehenden Hilfe in die Position frontal vor sich gebracht (→ Seite 33); er hat gelernt, dass der Blickkontakt zu Ihnen deutlich leichter fällt, wenn er auf seinen »vier Buchstaben« sitzt: mit geraden Vorderbeinen, gestrecktem Rücken und in Körperkontakt zu Ihnen. Wenn Sie auch nur einen Fuß weit zurückgehen, bietet er sofort an, die entstandene Lücke durch Nachrücken zu schließen.

Sauber trennen: Nun heißt es aufpassen. Momentan sind mit der ziehenden Hilfe das dichte Herankommen und das Vorsitzen abgespeichert. Erst wenn aber das Herkommen fest mit einem eigenen Signal verknüpft ist, wird die ziehende Hilfe frei für die nächste Lektion. Um dies zu erreichen, sagen Sie jedes Mal, wenn der Hund sicher vorsitzt, das Signal dazu, etwa »Hinsetzen«.
Gefahr droht aber durch die Macht der Gewohnheit: Wenn Sie Ihren Hund neben sich führen, die ziehende Hilfe und dann das Signal zum Hinsetzen geben, wird er sich vermutlich vor Sie setzen. Dabei mag der Eindruck entstehen, der Hund beherrsche das Sitzen schon. In Wirklichkeit assoziiert er zwei Handlungen miteinander: das Herkommen und das Sitzen – in Ihrer Nähe. Damit aber das Sitzen auch auf Distanz und in allen Positionen zu Ihnen funktioniert, muss es detailliert neu geschult werden. Aus diesem Grund wird es hier erst nach dem Liegen erarbeitet.

Feedback: Dosieren Sie Ihr Lob gut. Hier ist deutlich mehr passives Lob oder sachtes aktives Lob angebracht. Zu viel falsch eingesetztes Lob verführt den Hund dagegen zu Fehlern.

Liegen oder Hinlegen

Beginnen Sie mit der Schulung des Hinlegens; es dient auch als Basis für die Lektion der beiden anderen Körperhaltungen.

Schritt für Schritt: Ihr Hund befindet sich in sitzender Position vor Ihnen. Hocken Sie sich vor ihn und streichen Sie ihn ab: Mit einer Hand am Halsband sichern Sie seine Position, mit der anderen streichen Sie sanft und gleichmäßig über seinen Rücken.

- Nun sagen Sie das Signal, das Sie fürs Hinlegen gewählt haben, zum Beispiel »Leg dich bitte«; es ist kein Problem, wenn der Hund noch gar nichts damit anfangen kann.

ANNE KRÜGER: SO LÄUFT'S LEICHTER

Lernen ohne Missverständnisse:

- Schulen Sie immer nur eine Körperhaltung und beginnen Sie mit der nächsten erst, wenn der Hund die erste sicher beherrscht. Reagiert er zuverlässig auf Ihre verbalen Signale, dann können Sie Sicht zeichen und Pfeifsignale hinzufugen.
- Häufige kurze Schulungen sichern den Erfolg. Arbeiten Sie langsam und verändern Sie nur je eine Variable: Zeit, Ort, Art der Unterstützung, Sicherung oder Ablenkungsgrad.

◆ Bauen Sie mit Zeigefinger und Daumen in der Nackenmuskulatur vor der Schulter eine leichte Pressur auf (→ Fotos, Seite 74).

◆ Zieht Ihr Vierbeiner nun die Karte Abwehr, dann halten Sie die Pressur durch; Ihre stützende Hand sorgt dafür, dass er die Position nicht verlässt. Bringt er die Karte Flucht ins Spiel, dann stellt die stützende Hand sicher, dass der Bursche durch diese Tür nicht wegkommt. Spielt er die Karte Passiv aus, dann verstärken Sie die Pressur im Nacken ein wenig, bis er aktiv wird. Zieht er hingegen die Karte Bedrängen, dann äußern Sie einen leisen Knurrton, der den Hund wieder auf Abstand bringt. Und spielt er schließlich mit der Karte Devot, bringen Sie ihn entweder mit der ziehenden Hilfe wieder in die gewünschte Position oder mit der treibenden Hilfe kurz und sachlich zum aktiven Angebot und fahren dann mit der Übung fort.

◆ Ein mögliches Angebot seinerseits bestünde darin, dass er auf Ihre Pressur leicht, aber fühlbar nachgibt. Er braucht sich gar nicht hinzulegen, etwas Nachgeben genügt. In diesem Fall bleibt Ihre Hand in der Luft stehen, bevor sie wieder sanft auf den Rücken des Hundes gelegt wird und das Ganze von vorn beginnt. So wird der Hund abspeichern, dass sein Nachgeben auf die Pressur das erwünschte Verhalten ist, und wird diese Lösung immer zielsicherer anbieten, bis er am Ende liegt.

◆ Sprachlich begleiten Sie diese Lektion mit den Signalen »Leg dich bitte« – »Na« (als Anwarnung der Pressur) – Pressur – der Hund gibt nach – »Leg dich bitte« – »Gut soooo«.

◆ Erst wenn sich der Hund auch ohne »Na« und Pressur zuverlässig jedes Mal hinlegt, ist Ihr Konto der Kritik wieder im Plus. Dann können Sie sich der Gestaltung des »Wie« widmen und Ihrem Vierbeiner beibringen, dass er überall, trotz Ablenkung, und später auch für längere Zeit liegen kann.

Sitzen

Um den Hund aus dem Liegen in die sitzende Position zu bringen, wird normalerweise die ziehende Hilfe benutzt. Sie kann jedoch im Konflikt zum bereits gelernten Aufstehen und Herankommen stehen. In diesem Fall ist die schiebende Hilfe angebracht.

Schritt für Schritt: Ihr Hund liegt und soll aus dem Liegen ins Sitzen wechseln, ohne zu Ihnen zu kommen oder die Stelle zu verlassen. Er ist mit einer Leine gesichert.

◆ Mit einer leichten schiebenden Hilfe bringen Sie ihn auch aus der Entfernung auf die richtige Lösung. Die Hilfe muss wohldosiert sein. Die Signalfolge lautet: »Hinsetzen« – »grrrr« – »Hinsetzen« – »Gut soooo«.

- Zieht der Hund die Fluchtkarte, verschließen Sie diese Tür mit einer sachten, aber fühlbaren Spannung der Leine (»Anlehnung«). Bedrängt er, sorgen Sie mit der treibenden Hilfe für Distanz; bei Passivität treiben Sie etwas impulsiver. Zieht er die Devotkarte, dann spielen Sie mit ziehender und treibender Hilfe eine Wechselwirkung heraus.

Variation: Das Sitzen wird zunächst nur in einer Richtung gearbeitet: als Aufstehen aus dem Liegen. Wenn Sie Ihren Hund schon im Stehen geschult haben, können Sie mit ihm auch das Sitzen aus dem Stand üben.

Stehen

Zur Schulung des Stehens benötigen Sie als Hilfsmittel die Hüftleine (→ Fotos unten). Diese Sicherung der Körpermitte Ihres vierbeinigen Schülers wird auch bei anderen Lektionen eingesetzt; es ist also durchaus an der Zeit, dass Sie ihn damit vertraut machen.

Schritt für Schritt: Der Karabiner der Leine ist am Halsband befestigt. Für die Hüftleine oder Hüftschlinge legen Sie das Ende der Leine dem Hund um die Hüften und knoten eine lockere Schlinge daraus. Den Mittelteil halten Sie in der Hand. So können Sie den Hund ohne Berührung vorn wie hinten stützen.

- Am einfachsten erklären Sie das Stehen aus der Bewegung: Gehen Sie mit Ihrem Hund langsam ein paar Schritte; die Leine ist locker.
- Bleiben Sie dann stehen und sagen im gleichen Moment das Signal »Steh«.
- Wenn Ihr Vierbeiner Sie fragend ansieht, äußern Sie das aus der Gelbphase der Ampel bekannte »Na« und gleich darauf ein weiches, freundliches »Steh«. Reagiert Ihr Hund darauf nicht, straffen Sie die Leine behutsam, stellen also eine sachte Anlehnung her, sodass er eine begrenzende Spannung fühlt.
- Immer wenn der Hund weitergehen, sich hinsetzen oder hinlegen möchte, erzeugen Sie

MITHILFE DER HÜFTLEINE LERNT DER HUND DAS STEHEN

1 Die Hüftleine ist in vielen verschiedenen Lektionen von großer Bedeutung. Sie darf den Hund nicht stören und befindet sich stets locker um seine Hüften.
2 Der Trainer kann mit der Hüftleine eine leichte Vibration am Bauch erzeugen, um den Hund zum Aufstehen anzuregen. Diese Störung wird durch ein leises »Na« angekündigt.
3 Die Leine wirkt an keiner Stelle über Kraft. Findet der Hund die Lösung, hört die Vibration auf. Es ist wichtig, in Ruhe zu arbeiten und dem Hund viel Sicherheit zu vermitteln.

EINE LEICHTE PRESSUR UNTERSTÜTZT DEN HUND BEIM HINLEGEN

1 Als Unterstützung für das Hinlegen wendet man mit Zeigefinger und Daumen eine sachte Pressur im Nackenmuskel des Hundes an.
2 Sobald er etwas nachgibt und sich nach unten bewegt, hält die Hand in der Luft still.
3 Die Pressur wird immer durch ein leises, warnendes »Na« eingeleitet. Ihre andere Hand liegt an der Schulter und stützt den Hund.
4 Mit viel ruhigem Lob und feiner Unterstützung findet er den Lösungsweg bald allein.

mit der Hand an der Leine eine leichte Vibration, die den Hund so stören sollte, dass er nach einer neuen Lösung sucht.

◆ Steht der Hund schließlich still, folgen das Signal »Steh« und das Lob »Gut sooo«.

Variation: Hat der Hund die Verknüpfung zwischen dem Signal und der Körperhaltung verinnerlicht, können Sie die Lektion auch aus dem Sitzen versuchen. Hier ist wieder das Spiel mit den Hilfen entscheidend. Wenn Sie die ziehende Hilfe geben, kann es passieren, dass der kleine Freund zu Ihnen kommt und sich vor Sie hinsetzt. Geben Sie jedoch die treibende Hilfe in der richtigen Dosierung, dann wird er vermutlich Abstand zu Ihnen einhalten und von allein in eine stehende Position kommen. Helfen Sie Ihrem Hund, indem Sie die Übungen in kleine Schritte aufteilen, und gönnen Sie ihm zwischendurch auch Spaß und Tobepausen.

2 Bei Fuß links und rechts

Damit Ihr Vierbeiner keine schiefe Haltung bekommt, sollten Sie einen wichtigen Grundsatz beherzigen: Schulen Sie jede Lektion für beide Körperhälften, sodass alle motorischen Vorgänge links wie rechts explizit geübt werden. Besonders sinnvoll ist dies in der Lektion des Bei-Fuß-Gehens. Auf Ausflügen sollte die Schulter Ihres Hundes mit Ihrem Knie auf der gleichen Höhe bleiben, egal ob Sie schnell, langsam, geradeaus oder in Schlangenlinien gehen oder mit dem Fahrrad unterwegs sind. Wenn Sie den Hund zudem mit Leichtigkeit von Ihrer linken auf die rechte Seite (oder umgekehrt) bringen, weil Sie die Einkaufstasche in der anderen Hand tragen wollen oder ein Jogger entgegenkommt, werden Sie die Lektion sehr schätzen. Das Bei-Fuß-Gehen können alle Hunde lernen, ob groß, klein, alt oder jung. Es bildet die Grundlage für die Lektionen Eindrehen, Anschließen, Back Round und Rückwärtsslalom.

Tipp: Arbeiten Sie von Anfang an mit zwei unterschiedlichen Signalen – für die linke Seite beispielsweise ein einfaches »Fuß« und für die rechte Seite »Hand«.

Schritt für Schritt: Bringen Sie zunächst den angeleinten Hund auf Ihre linke oder rechte Seite. Wenn Sie mit ihm links arbeiten, nehmen Sie die kurz gehaltene Leine in die rechte Hand; so haben Sie die linke Hand frei, um ein Sichtzeichen an Ihrem linken Oberschenkel geben zu können.

- Sie bewegen sich anfangs sehr langsam und gehen geradeaus. Mit dem Signal »Fuß« motivieren Sie den Hund mitzugehen. Drängt er nach vorn, bringen Sie ihn mit einer leichten treibenden Hilfe dazu, sich umzuwenden, und lenken ihn dann mit dem Klopfen auf den Oberschenkel als Sichtzeichen und dem Signal »Fuß« wieder in die richtige Position.
- Je sicherer der Hund wird, umso häufiger können Sie auch Schlenker und Kurven laufen. Drängt er in den Kurven nach außen, ist die treibende Hilfe angebracht. Bleibt er dagegen zurück, setzen Sie die ziehende Hilfe ein und bestätigen ihn in der richtigen Position mit dem entsprechenden Signal. Die Leine wirkt an diesen Stellen immer schnell begrenzend, aber niemals überwindend.
- Soll der Hund die Seite wechseln, bleiben Sie stehen und nehmen die Leine hinter dem Rücken in die andere Hand. Nun wenden Sie sich mit Ihrer Achse in die Richtung, in die der Hund gehen soll, und verwenden die ziehende Hilfe. Jetzt sind für ihn alle Türen bis auf eine verschlossen – und diese findet er dank Ihrer Unterstützung mit Leichtigkeit.
- Ist Ihr vierbeiniger Schüler auf der erwünschten anderen Seite angekommen, sagen Sie »Hand« als Signal für diese Seite und setzen die Bewegung langsam fort.

Zu Fuß, auf dem Fahrrad oder zu Pferd unterwegs – der geschulte Seitenwechsel ist enorm hilfreich.

Feedback: In dieser Lektion ist aktives Lob angebracht. Gern können Sie zwischendrin mit Ihrem Hund kleine Laufspiele und Tobereien unternehmen.

Die Leine: Trainieren Sie in kurzen Einheiten und lassen Sie sich Zeit, bevor Sie Ihren Vierbeiner ableinen.

Wenn Ihnen das Sicherheit gibt, lassen Sie die Leine während einer Übergangszeit noch auf dem Boden schleifen. So können Sie notfalls die Tür zur Flucht verschließen, indem Sie einfach auf die Leine treten.

Achten Sie stets darauf, dass der Kontakt zum Hundehals gelöst und leicht ist. Der Hund soll mit einem Gefühl von Freiheit in Ihre Spur finden und nicht neben Ihnen herlaufen, weil Sie ihn heranziehen oder nicht weglassen. Das System der Hilfen erklärt ihm ausreichend, wo die Grenzen liegen. Die Leine dient nur dazu, die Tür zur Flucht zu schließen und mögliche Fehler zu reduzieren.

3 Mit Schwung und Spaß – Slalom vorwärts

Die Übung bringt rasche Fortschritte und sorgt dafür, dass aus Mensch und Hund ein eingespieltes Team wird. Da sie zudem Körper und Geist nicht übermäßig beansprucht und sich gut zur Überprüfung der Hilfen eignet, schule ich sie schon recht früh. Am Ende wird Ihr Hund lustig und leicht im Slalom durch Ihre Beine huschen, während Sie sich vorwärts bewegen und stolz darauf sind, dass er bereits so etwas Tolles beherrscht. Slalom vorwärts dient als Basis für den Rückwärtsslalom und das Home. Er ist Gymnastik für den Rücken, schult die Koordination von Mensch und Tier ungemein und löst nach meiner Erfahrung Verspannungen bei beiden.

Schritt für Schritt: Zu Beginn stehen Sie still, Ihr Hund befindet sich an Ihrer Seite. Wenn er links steht, stellen Sie das rechte Bein nach vorn und führen die Leine darunter hindurch

KINDERLEICHT UND EIN RIESENSPASS: DER SLALOM DURCH DIE BEINE

1 Der Slalom ist auch für kleine Trainer ein Vergnügen. Man kann ihn gezielt zur Entspannung oder als Warm-up einsetzen. Er ist auch die Grundlage anderer Lektionen.

2 Mit entspannter Körperhaltung, aber klaren, leisen Signalen hilft hier die kleine Trainerin ihrem Border Terrier zur Lösung. Unbefangen und mit Leichtigkeit schlüpft der Schüler durch ihre Beine.

3 Erst wenn jeder einzelne Schritt gut funktioniert, fügt man allmählich die Schritte zur Übung zusammen, wie hier abgebildet.

auf die rechte Seite; dort übernimmt Ihre linke Hand und stellt eine weiche Anlehnung oder Spannung der Leine her.

◆ Drehen Sie den Oberkörper nach rechts, beugen Sie sich weit zur Seite und geben Sie mit der freien rechten Hand ein Sichtzeichen: Klopfen Sie für den Hund gut sichtbar auf die Unterseite Ihres rechten Oberschenkels. Dies dient nur dazu, den Hund zur geöffneten Tür zu lotsen; alle anderen Türen sind ja schon durch die Leine verschlossen.

◆ Während Sie das Gleichgewicht halten, geben Sie Ihrem Hund die ziehende Hilfe. Er will dieser Folge leisten und sucht Blickkontakt zu Ihnen. Den findet er aber erst, wenn er den Kopf durch die Beine steckt. Weiter mit dem Namen ziehend und aktiv lobend, lotsen Sie ihn komplett auf die andere Seite.

◆ Eine kleine Toberei an dieser Stelle entspannt Sie und Ihren vierbeinigen Schüler für den weiteren Verlauf der Lektion.

◆ Nun beginnt der ganze Ablauf von der anderen Seite. Zunächst ist bei der Übung nur wichtig, dass der Hund den Weg durch Ihre Beine findet. Wie schnell er geht, wie eng er an Ihrem Bein bleibt und wie kurz die Wendungen des Slaloms aufeinanderfolgen, spielt noch gar keine Rolle.

◆ Hat Ihr Schüler den Weg gefunden, sagen Sie vor der ziehenden Hilfe das Signal, zum Beispiel »Und durch«. Bald werden Sie weder Leine noch Sichtzeichen benötigen – der Hund wird die Lösung allein auf das Signal und Ihre besondere Beinstellung hin finden.

Tipps: Damit der Hund die Wendung in den nächsten Bogen dicht an Ihrem Bein findet, setzen Sie die ziehende Hilfe ein und lenken ihn nach dem Passieren der Beinlücke sofort wieder nach vorn.

Hängen Sie die Einzelschritte dieser Lektion erst nach einiger Zeit aneinander, wenn Sie gemeinsam Sicherheit gewonnen haben.

4 Mit der ziehenden Hilfe wird der Hund nach dem Passieren der Beine wieder nach vorne gelotst. So kann die Biegung im Rücken verstärkt werden, die Wendung wird enger.

5 Mit zunehmender Sicherheit des Hundes werden die Hilfen blasser. Bald schon soll der Vierbeiner ohne Sichtzeichen, nur auf ein leises »Und durch« durch die Beine schlüpfen.

6 Am Ende gibt es immer noch einmal ein dickes Lob. Das meiste Lob erhält der Hund jedoch während der Lektion – dadurch bleibt er motiviert.

4 Rundherum ist gar nicht dumm – die Rolle

Die Rolle nimmt in der Schulung eine Art Schlüsselfunktion ein, weil der Hund hier ein recht hohes Maß an Begrenzung zulassen muss und daher stärker in Versuchung kommt, die falsche Karte zu ziehen. Außerdem trainiert die Übung den Körper und wirkt motivierend. Später wird sie in kleine Choreografien eingebaut (→ Kapitel 5). Innerhalb der HarmoniLogie ist die Rolle sehr wertvoll, weniger in Bezug auf den Tatbestand der Übung als vielmehr in Bezug auf den Dialog: Sie bringt das individuelle Lernmuster des Hundes besonders deutlich ans Licht. Dabei können Sie Ihren kleinen Vierbeiner genau studieren und gut kennenlernen.

Voraussetzungen: Für diese Übung muss Ihr Vierbeiner das Hinlegen sicher beherrschen. Schulen Sie nur Hunde darin, die sich auch sonst gern auf dem Rücken wälzen und mindestens sechs Monate alt sind. Hunde mit Rückenbeschwerden sollten von der Übung ausgeschlossen sein. Beim Training sollte Ihr Vierbeiner keinen vollen Magen haben.

Schritt für Schritt: Der Hund befindet sich in der liegenden Position. Ich hocke vor ihm, und zwar versetzt in die Richtung, in die er rollen soll. Welche dies in der Anfangszeit der Schulung ist, entscheide ich anhand seiner Rückenwölbung: Liegt ein Hund entspannt, ist sein Rücken meist wie eine Banane in eine Richtung gewölbt. In diese Richtung bitte ich ihn zunächst zu rollen, damit er nicht über das entlastete Hinterbein kullern muss.

- Soll er etwa nach rechts rollen, sitze ich an seinem rechten Ohr. Meine linke Hand fasst in sein Halsband; dabei sichert der Daumen das Halsband, und die flache Hand stützt seine rechte Schulter. Meine linke Hand verschließt also sehr diplomatisch und nicht beengend die Tür zur Flucht. Die rechte Hand streicht den Schüler weich, ruhig und fest ab.
- Ist der kleine Kollege entspannt, dann nehme ich mit der rechten Hand seine rechte Gesichtshälfte am Fang und führe das Köpfchen vorsichtig nach hinten zur linken Seite, sodass er auf seine Flanke schaut. So verweile ich einige Zeit, spreche beruhigende Worte und atme hörbar aus. Erst wenn der Hund in dieser begrenzten Haltung entspannt, kann es mit dem nächsten Schritt weitergehen – denn erst dann ist er bereit, der ziehenden Hilfe zu folgen. Heute gebe ich den Kopf recht bald wieder frei, damit der Hund sich »gerade« machen und feststellen kann, dass nichts Außergewöhnliches mit ihm passiert.
- Im nächsten Schritt bringe ich den Hund wieder in die Haltung »Köpfchen nach hinten«; diesmal lasse ich ihn aber nicht gerade werden. Während ich mich weit nach links beuge, gebe ich ihm die ziehende Hilfe: Ich sage seinen Namen, um ihn in meine Richtung zu lenken.
- Um dieser Hilfe zu folgen, muss er einen neuen Lösungsweg finden. Hier hat jeder Hund seine eigene Idee. Idealerweise kullert er gleich in meine Richtung. Findet er den Weg zur Rolle nicht, helfe ich etwas nach, indem ich mit der linken Hand sanft sein unteres Vorderbein nehme und ihn damit in Rückenlage lenke; so bekommt er Schwung, um in meine Richtung zu rollen. Hat er das bewältigt, ist es Zeit für das aktivierende aktive Lob (→ Seite 45). Dann beginnt das Ganze erneut.
- Erst wenn der Hund den Weg der Rolle als eigene Idee entdeckt hat, sage ich das Signal, »Rolle«, bevor ich die Hände anlege.
- Hat Ihr Schüler den Weg einmal gefunden, macht er meist schnell Fortschritte, und Sie können das Angebot Ihrer stützenden und führenden Hände nach und nach reduzieren.

DIE ROLLE: RUHE UND ENTSPANNUNG ENTSCHEIDEN ÜBER DEN ERFOLG

1 In entspannter Atmosphäre wird der Hund zum Liegen gebracht. Die Hände des Trainers begleiten den Hundekopf in die Position.
2 Wichtig ist, dass der Schüler entspannt und bereit ist, weitere Hilfen anzunehmen.
3 Ohne Krafteinfluss findet er schließlich die Lösung selbstständig. Die stützenden Hände begleiten ihn immer beiläufiger.
4 Mit der ziehenden Hilfe wird der Vierbeiner anschließend wieder in Brustlage geholt.

Bald müssen Sie auch nicht mehr bei ihm hocken, sondern können stehen – immer bereit, ihm mit beiden Händen zu helfen.

- Später genügt es, wenn Sie sich einfach in die Richtung stellen, in die der Hund rollen soll, und mit der Hand, die näher bei ihm ist, ein Sichtzeichen in Kombination mit dem Signal geben. Braucht er Hilfe, bewegt sich diese Hand wieder in Richtung seines Fanges, als wolle sie ihn nach hinten wenden.

Wichtig: Bitte erspüren Sie während der gesamten Übung, ob Sie den Hund rollen oder ob der Hund selbst rollt. Sie sollen nur passiv begrenzen und Ihre Kraft zum Halten einsetzen, der Hund soll aktiv suchen. Achten Sie von Anfang an darauf, die Rolle sowohl nach links als auch nach rechts zu schulen und den Hund häufiger über die Seite rollen zu lassen, die ihm schwerer fällt, damit er Ausgewogenheit erlangt.

5 Schon müde? Das Flachliegen

Dies ist eine kleine, sehr feine Übung. Ich glaube, es war der allererste Trick, den ich je einem Hund beigebracht habe – einer kleinen Mischlingshündin, die ich auf einem Bauernhof geschenkt bekam. Ich hatte sie ausgebildet, Kühe von der Weide heimzutreiben. Doch wenn ich bei Freunden angeben wollte, formte ich mit Daumen und Zeigefinger eine Pistole, zielte auf den Hund und rief: »Peng!« Woraufhin sich die Kleine stumpf auf die Seite fallen ließ und regungslos liegen blieb. Anschließend murmelte ich einen Zauberspruch, und sie sprang unvermittelt auf meinen Arm. Das gab immer Applaus!

Das Flachliegen wird gern in Choreografien eingearbeitet. Es macht unglaublich viel Spaß, an so einer Bewegungsfolge zu arbeiten.

Voraussetzungen: Entwickelt wird dieser Trick aus dem Liegen. Schulen Sie solche aufbauende Lektionen immer erst dann, wenn der Hund die Basis, hier das Hinlegen, sehr gut beherrscht. Viele Menschen glauben, die Anzahl der Tricks sei entscheidend. Dabei zählt doch nur die Qualität. Solange der kleine Kerl in der Grundlektion noch unsicher ist, wird er in der aufbauenden Lektion alles durcheinanderwürfeln und ständig Kritik ernten. Das darf jedoch auf keinen Fall passieren (→ Seite 61).

Vierbeiner jeden Alters, jeder Rasse und jeder Größe können das Flachliegen lernen.

Schritt für Schritt: Der Hund liegt in Brustlage. Achten Sie darauf, ob seine Hinterbeine parallel angewinkelt sind oder ob er ein Hinterbein unter den Körper gezogen hat. Im letzteren Fall zeigt sein Rücken wieder eine »Bananenwölbung« (→ Seite 78). Bei den ersten Malen sollten Sie dem Hund das Flachliegen in die Richtung dieser Wölbung erklären.

- Sie sitzen vor dem Hund. Mit der einen Hand sichern und stützen Sie ihn am Halsband, mit der anderen streichen Sie ihn warm, fest und ruhig ab.
- Ist der Hund entspannt, dann setzt der Zeigefinger der Streichelhand eine Pressur am Halsmuskel, sehr dicht am Schulterblatt. Wie in der Lektion des Liegens geht es bislang nur darum, dass der Hund die Lösung im Angebot des Ausweichens erkennt; er muss noch nicht die vollständige Lösung wissen.
- Weicht er der Pressur auch nur ganz minimal aus, geht die Hand direkt wieder zum Streicheln über und beginnt dann noch einmal mit der Pressur.
- Es dauert meist nur wenige Minuten, bis sich Ihr vierbeiniger Schüler flach auf die Seite legt. Jetzt können Sie hörbar und entspannt ausatmen und dem Hund ein passives oder ein ruhiges aktives Lob geben, das ihn bestätigt (→ Seite 44). Kommt er anschließend gleich wieder in Brustlage, nehmen Sie dies hin und beginnen erneut mit der Pressur.
- Die Hand, die den Hund am Halsband gestützt hat, löst sich in dem Moment von ihm, wenn er in das Flachliegen geht. Um den Hund nun daraus wieder in die Brustlage zu bekommen, verwenden Sie einfach das Signal für das Liegen. Gegebenenfalls ist eine ruhige ziehende Hilfe genau richtig.
- Die Sprachfolge in dieser Lektion ist: »Flachliegen« – »Na« – (wieder) die Pressur – »Flachliegen«. »Na« dient wie immer als Gelbphase der Ampel aus dem Bereich der treibenden Hilfen. Es verrät dem Hund, dass gleich eine Berührung erfolgen wird und dass die Lösung von Ihnen entfernt liegt. Wichtig ist, dass Sie in einer Atmosphäre von Ruhe, Beständigkeit und Entspannung arbeiten.

Variationen: Wie bei allen Lektionen gilt die Gestaltung zunächst dem Tatbestand des

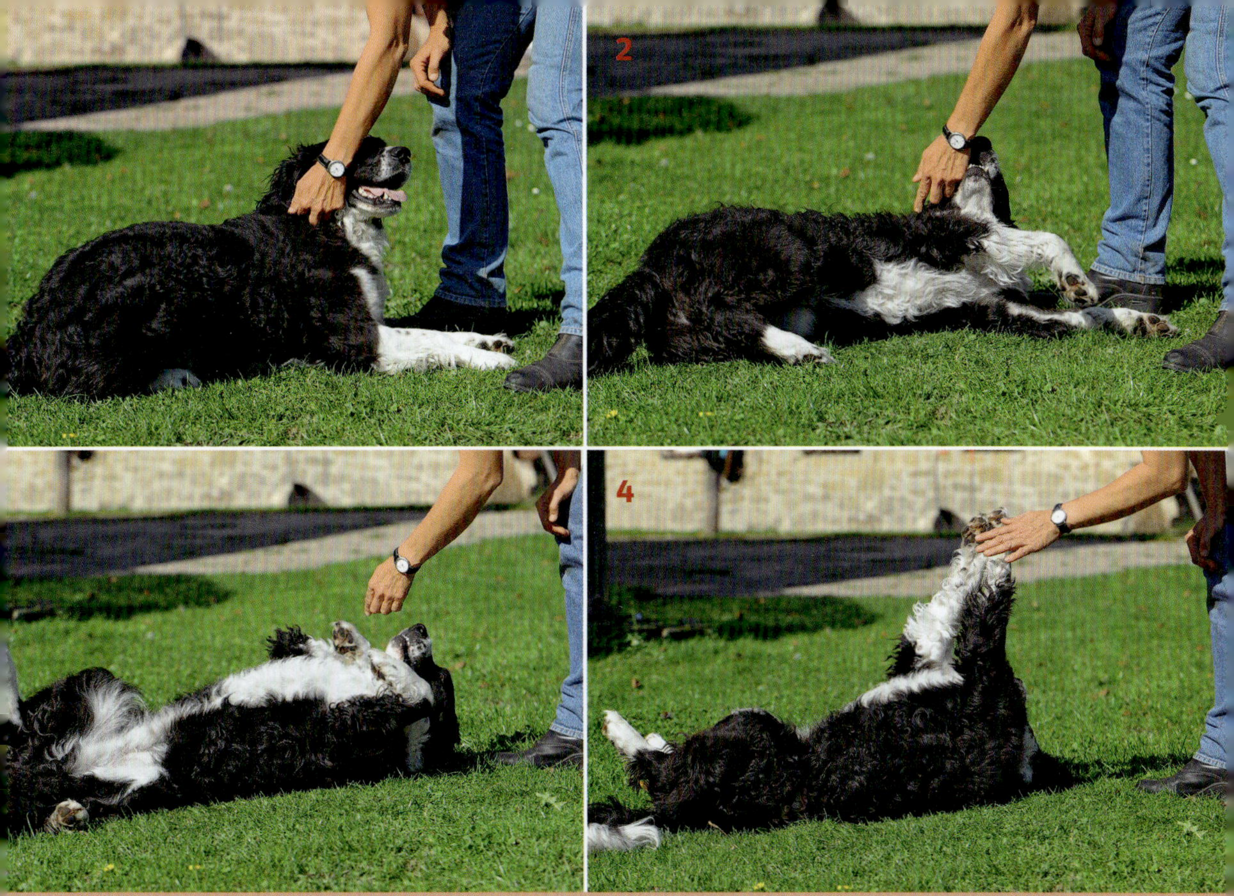

DAS FLACHLIEGEN IST LEICHT UND SCHNELL ERKLÄRT

1 Aus dem Hinlegen wird das Flachliegen geschult. Eine leichte Pressur im Schulterbereich führt den Hund schnell zur Lösung.
2 Der Hund lässt sich entspannt auf die Seite fallen, die Hand begleitet ihn streichelnd.
3 Aus der Seitenlage findet der Hund über eine angedeutete Rolle in die Rückenlage.
4 Diesen Schritt nennen wir Relax; er sollte erst nach dem Flachliegen und mit fertigen Kenntnissen der Rolle gearbeitet werden.

»Was«. Erst wenn der Hund den Weg gefunden hat, gestalten Sie das »Wie« (→ Seite 55). Nachdem der Vierbeiner das Signal mit der Bewegung verknüpft hat, verblassen die Hilfen immer mehr. Jedes Mal, wenn Sie jedoch eine Variable verändern, setzen Sie die Hilfen wieder ein. Denn damit kommt Ihr Hund vielleicht direkt und ohne Fehler ans Ziel. Und die beste Kritik ist immer noch die, die nicht notwendig ist.

Tipps: Bauen Sie zwischen den Übungseinheiten nicht zu viel Dynamik ein – manchen Hunden fällt es schwer, aus einer wilden Toberei sofort in die Ruhelage zu wechseln. Toben Sie lieber am Schluss mit dem Hund. Das Sichtzeichen für das Flachliegen dürfen Sie wählen; es sollte sich aber unterscheiden vom Hinsetzen oder Hinlegen.
Auch diese Lektion wird auf beiden Seiten gleichermaßen geübt (→ Seite 75).

6 Wer bewegt wen? Das Eindrehen und Anschließen

Es ist ein Naturgesetz und berührt so viele Bereiche des Lebens: Die Antwort auf die Frage »Wer bewegt wen?« sagt oft alles über Erfolg oder Misserfolg einer Strategie aus. Obgleich es sich hier nur um eine Basislektion in der Schulung Ihres Hundes handelt, besitzt die Übung deutlich mehr Tiefe, als man erwarten würde.

Übernommen habe ich die Lektion aus meiner Schulung von Pferden. Sie bewährte sich regelmäßig, wenn es darum ging, aufmüpfige Fohlen oder freche Pferde mit Leichtigkeit in meine Spur zu bringen. Zu erleben, wie sich ein Tier von 550 Kilogramm Körpermasse nach dem Don't-touch-Prinzip leise und fein in alle Richtungen wenden und drehen lässt, ist faszinierend. Es bedarf keiner Grobheiten, keines Machtgerangels und erst recht keiner Gewalt, um ein solches Tier zu lenken.

Ziele der Übung: Diese Lektion eignet sich gut als Basis für Rückwärtsbewegungen wie Back Round und Rückwärtsslalom. In der Hundeschulung bringt sie das Bei-Fuß-Gehen zur Vollendung: Sie vermittelt dem Vierbeiner optimal die Spur des Menschen und schult die Koordination des Teams. Zudem erklärt sie dem Hund sehr sanft, wann er mit Höflichkeit den Weg frei machen soll.

Sobald ich meine Bewegungsrichtung zum Hund hin verändere, soll er mir ausweichen, indem er rückwärts zur Seite geht, sich dabei meiner Laufrichtung anpassst und weiter in der gewünschten Position an meinem Knie bleibt. Das nenne ich das Eindrehen.

Das Anschließen betrifft die entgegengesetzte Richtung. Der Hund folgt aufmerksam meiner Achse in die andere Richtung und vergrößert dabei seine Schritte. So bin ich etwa in der Lage, auf meiner Position zu bleiben und mich um die eigene Achse zu drehen.

HALSLEINE UND HÜFTLEINE OPTIMAL BEDIENEN

1

2

3

1 Bedienen Sie die Enden der beiden Leinen separat, sodass der Hund spürt, ob Sie seinen Hals oder seinen Bauch ansprechen wollen. Dies können Sie beid- oder einhändig tun.

2 Die Leinen sind so kurz, dass Sie jederzeit in der Lage sind, eine Anlehnung entweder zum Hals oder zur Hüfte herzustellen. Trotzdem sollten sie während der Arbeit locker und weich durchhängen.

3 Eine gute und klare Körpersprache über Ihre Achse hilft Ihrem Vierbeiner, den erwünschten Weg zu finden.

Voraussetzung: Diese Lektion kann von jedem Hund erlernt werden, der das Bei-Fuß-Gehen beherrscht. Für ihn handelt es sich um eine Form des Bei-Fuß-Gehens auf ganz engem Raum, ob vorwärts oder rückwärts.

Schritt für Schritt: Damit mein Hund die Lösung leicht findet, verschließe ich einige Türen. Ich verwende die ihm bereits bekannte Hüftleine, um ihn entsprechend meiner Bewegungsrichtung zu lotsen, ohne dass er sich umdrehen kann. Die Leine befestige ich am Halsband, das andere Ende binde ich locker um seine Hüften (→ Seite 73).

- Am Anfang mache ich immer eine Vorwärtsbewegung bei Fuß; so erhält mein vierbeiniger Schüler als Erstes die Information zu seiner erwünschten Position.
- Dann fange ich damit an, mich sehr langsam auf der Stelle zu drehen. Dieses langsame Drehen ist wichtig. Dadurch hat mein Schützling nämlich die Möglichkeit, die offene Tür zu finden – und zwar, indem er seitwärts und rückwärts Ausschau hält.
- Hat der vierbeinige Schüler die Lösung gefunden und bewegt sein hinteres Ende auch nur leicht in die Richtung, in die ich mich gedreht habe, dann darf ich ihn aktiv loben – jedoch ruhig und behutsam, um ihn nicht gleich wieder aus dem Konzept zu bringen.
- Nun kann ich mit dem nächsten kleinen Eindrehen beginnen. Ich bleibe mit den Fersen auf der Stelle stehen und drehe mich dort um die eigene Achse. Nur so kann ich verhindern, dass ich unbeabsichtigt doch um den Hund herumgehe.
- Die Hüftleine dient ausschließlich dazu, den Hund zu aktivieren, dass er sich in meine Richtung orientiert. Daher wird der vierbeinige Schüler auch nicht an der Hüftleine herumgezogen; ich warte vielmehr, bis er selbst die Lösung gefunden hat. Auch das Halsband wird lediglich als helfende Begrenzung genutzt und bekommt keinen Zug.
- Das Signal für diese Lektion ist das Bei-Fuß-Signal, entweder für rechts oder links (→ Seite 75). Spüre ich, dass mein Hund die Stütze und Hilfe nicht mehr benötigt, lasse ich die Leine im Ganzen oder an dem Körperteil, welcher gut in der Spur ist, etwas länger. Bald schon hängt die Leine locker über dem Rücken des Hundes und dient lediglich noch als Unterstützung, wenn er aus der Spur gerät.

Tipp: Vorsicht Schwindelgefahr! Bedenken Sie, dass der Gleichgewichtssinn von uns Menschen seine Grenzen hat – wenn Sie sich zu flott um die eigene Achse drehen, kann Ihnen schwindelig werden. Wir wollen nicht, dass sich Ihr Hund Sorgen um Sie macht.

ANNE KRÜGER: SO LÄUFTS'S LEICHTER

Aktivieren mithilfe der Leine:

- Soll die Leine den Hund nicht nur begrenzen, sondern auch aktivieren, dann lassen Sie sie leicht vibrieren. Das stört den Hund so, dass er eine andere Lösung sucht. Auch diese Vibration wird natürlich mit einem feinen »Na« angewarnt.
- Gehen Sie nach jedem kleinen Teilerfolg gleich wieder aktiv voran. So wird Ihr vierbeiniger Schüler schnell Spaß an einer Lektion entwickeln.

7 Abstrakt und intelligent – das Back Round

Es fühlt sich ein wenig an, als lernte Ihr Hund, rückwärts einzuparken. Am Ende der gelungenen Schulung stellt sich der Mensch einfach hin und gibt seinem Vierbeiner das entsprechende Signal. Daraufhin legt der Hund den Rückwärtsgang ein und geht gleichmäßig, ohne die Spur zu verlassen, einfach in einem engen Kreis rückwärts um seinen Menschen herum. Zuschauer können das kaum fassen. Später benötigen wir diese Lektion als Basis für den Rückwärtsslalom.

Voraussetzung: Jeder Hund kann das Back Round lernen, wenn das Eindrehen sitzt.

Schritt für Schritt: Bringen Sie Ihren Hund in die ihm bereits bekannte Bei-Fuß-Position, etwa auf Ihrer linken Seite. Auch bei dieser Schulung kommt wieder die Hüftleine zum Einsatz, mit der Sie dem Schüler rasch zur Lösung helfen können. Die Halsleine ist nicht mehr nötig. Sie haben mit dem Hund ja schon das Eindrehen geübt, und das hat er auch verstanden. Lassen Sie ihn nun über das Eindrehen die Rückwärtsbewegung finden.

- Wenn Sie spüren, dass Ihr vierbeiniger Freund Ihrer Achse leicht ausweicht, ist es Zeit, die Leine in die andere Hand zu nehmen: Bleiben Sie dazu stehen und drehen nur Ihren Oberkörper weiter, die Füße fest am Boden. Mit der rechten Hand greifen Sie hinter Ihren Rücken und übernehmen die Leine aus der linken. Geben Sie Ihrem Hund jetzt das ihm bekannte Signal für das Stehen.
- Drehen Sie Ihren Oberkörper mit einem halben Bogen zur rechten Seite, also gegen die gewünschte Laufrichtung des Hundes. Hier übernimmt die linke Hand wieder die Leine.
- Nun hat Ihr vierbeiniger Schüler die Aufgabe, allein einen Viertelbogen rückwärts zu überwinden, um wieder in die linksseitige Bei-Fuß-Position zu gelangen. Dazu geben Sie

AUCH BEIM BACK ROUND KANN DIE HÜFTLEINE HELFEN

1 Aus dem bereits bekannten Eindrehen findet der Hund die Rückwärtsbewegung in der Bei-Fuß-Stellung. Bewegen Sie sich anfangs ruhig ein ganzes Stück mit.
2 Wenn der Vierbeiner gut rückwärts geht, bleiben Sie stehen und ermutigen ihn durch die klare Sprache Ihres Oberkörpers, mit der Rückwärtsbewegung fortzufahren.
3 Um die Leine in die andere Hand nehmen zu können, bitten Sie den Hund mit »Steh« innezuhalten. Wenden Sie den Oberkörper nun in die andere Richtung, ihm entgegen.

ihm zur Unterstützung das entsprechende Bei-Fuß-Signal. Erfahrungsgemäß ist das Bei-Fuß-Signal nach der Wendung des Oberkörpers voll und ganz ausreichend, um den kleinen Kerl in die richtige Richtung zu lotsen. Die Leine soll vor allen Dingen absichern, dass der Hund sich nicht um die eigene Achse dreht und die Spur verlässt.

- Arbeiten Sie auch diese Lektion immer auf beiden Seiten und üben Sie die »schlechtere« Seite deutlich mehr. Die Schulung wird hier mit der linken Seite beschrieben. Übertragen Sie das Ganze einfach auf die rechte Seite. In diesem Fall bewegt sich der Hund gegen den Uhrzeigersinn rückwärts um Sie.
- Erst wenn Ihr Vierbeiner den Weg zur Lösung verstanden hat, fügen Sie das Signal »Back round« hinzu.

Motivieren: Glauben Sie mir, ich habe bisher noch keinen Schüler gehabt, der die ganzen Drehungen nach rechts und links und wieder

Hat der Hund die Bewegung verstanden, können Sie die stützende Hüftleine nach und nach lösen.

4 Die Leine soll lediglich verhindern, dass Ihr Vierbeiner vom Weg abkommt. Sie gibt ihm Halt, wirkt jedoch nicht aktiv auf die gewünschte Bewegung ein!

5 Das Bei-Fuß-Signal hilft dem Hund an dieser Stelle, den richtigen Weg in die gewünschte Position zu finden. Ihr Oberkörper begleitet den Hund in dieser Bewegung gleichmäßig.

6 Mit viel aktivem, aber ruhig gesprochenem und gut dosiertem Lob begeistert der Mensch seinen Hund. Ein inniger Kontakt steht als Hauptgewinn am Ende jeder Lektion.

andersherum auf Anhieb verstanden hat. Entscheidend für den Lernerfolg ist das sehr behutsame und langsame Arbeitstempo. Während der Übung dürfen Sie nur ganz ruhig aktiv loben. Es lohnt sich aber, bei jedem kleinen Teilerfolg eine »kleine Party« zu feiern und die Übung immer wieder mit kleinen Laufspielen zu unterbrechen. Back Round erfordert vom ganzen Team viel Konzentration. Beherzigen Sie die Politik der kleinen Schritte (→ Seite 58), dann geht es flott voran. Wenn es sich leicht anfühlt, lösen Sie zunächst nur den Karabiner am Halsband. Die Leine um die Hüften können Sie noch etwas hängen lassen; dann sind Sie immer bereit, dem Hund damit eine Hilfestellung zu geben, falls er sich einmal vertut.

ANNE KRÜGER: SO LÄUFT'S LEICHTER

Viele Faktoren beeinflussen Ihren Hund. Nutzen Sie das.

- Wenn Ihr Hund in der Schulung träge und unwillig wird, können Sie längere Pausen einlegen – über mehrere Tage, Wochen oder sogar Monate. Oder gehen Sie in kleineren Schritten und kürzeren Trainingseinheiten vor.
- Es gibt viele Einflüsse, wie Tempo oder Ablenkung, die Sie variieren können, um genau die richtige Dosis für Ihren Vierbeiner zu finden.

8 Rückwärts geht's auch – der Rückwärtsslalom

Der Rückwärtsslalom ist faszinierend und bestechend schön und zeigt ganz deutlich, wie gefestigt das Band zwischen Mensch und Hund bereits ist. Die beiden bewegen sich gemeinsam rückwärts: Der Mensch macht etwas größere Schritte, sein Hund schlängelt sich durch die Beine – Koordination und Gymnastik pur!

Voraussetzungen: Um diese Lektion zu bewältigen, müssen sich die Teams nach meiner Erfahrung durch eine gewisse Reife auszeichnen. Der Hund muss die Übungen Stehen, Bei Fuß links und rechts, Slalom, Eindrehen und Anschließen sowie Back Round sicher beherrschen.

Schritt für Schritt: Beginnen Sie in der Bei-Fuß-Position und legen Sie Ihrem kleinen Musterschüler die Hüftleine an (→ Seite 73). Steht er links von Ihnen, dann nehmen Sie die Leine in die linke Hand und umgekehrt.

- Fordern Sie den Hund mit dem bereits bekannten Signal »Durch« auf, im Slalom vorwärts durch Ihre Beine auf die rechte Seite zu wechseln. Sie haben die Leine noch immer in der linken Hand, lassen sie aber locker durch Ihre Beine hängen, damit Sie jederzeit eine leichte Anlehnung herstellen können.
- Nun gehen Sie einen Schritt vorwärts, Ihr Hund geht bei Fuß, und Sie entwickeln daraus das Eindrehen nach rechts, beispielsweise mit dem Signal »Hand«. So geben Sie dem Hund die Richtung rückwärts vor.
- Halten Sie ihn dann mit dem Signal »Steh« an; dadurch gewinnen Sie etwas Zeit, um Ihr linkes Bein nach hinten stellen zu können.
- Es folgt eine Anlehnung, eine Spannung der Leine zur Hüfte des Hundes, um ihn nach außen gut begrenzen zu können. Dann dreht sich Ihr Oberkörper leicht nach rechts, und

Sie sagen leise und ruhig »Back durch«. »Back« kennt Ihr Schüler schon vom Back Round, also wird er die Lösung im Rückwärtsgehen suchen. »Durch« ist ihm vom Slalom vertraut; damit hat er die Bewegung durch die Beine abgespeichert. Mit der Hüftleine können Sie ihn langsam und sacht durch die Beine lotsen.

- Hat er den Weg gefunden, darf gespielt werden. Erst danach beginnen Sie noch einmal von vorn.
- Loben Sie während der Lektion nur passiv, damit bei der Fülle an Informationen weder Hund noch Mensch durcheinanderkommen. Die Sprachfolge ist zunächst: »Bei Fuß« – »Durch« – »Hand« – »Steh« – »Back durch« – »Bei Fuß«. Wichtig: Arbeiten Sie langsam – das Tempo kommt erst viel später dazu!
- Findet Ihr Hund die Lösung leicht und entspannt, dann können Sie auch schon einmal zwei Schritte rückwärts aneinanderhängen. In diesem Fall können Sie etwa jedes Mal, wenn der Hund auf der anderen Seite angekommen ist, das Eindrehen mit einbauen, um das Hinterteil des Hundes in die neue Bewegungsrichtung zu manövrieren.

Die Hilfen: Wenn Sie spüren, dass die Leine am Hals überflüssig wird, kann sie gelöst werden; die Hüftleine bleibt jedoch noch lange dran. Es dauert einige Zeit, bis Sie ein längeres Stück gerade rückwärts gehen können. Noch bewegen Sie sich eher wie beim Walzer hin und her. Aber das ist völlig in Ordnung und wird erst ganz am Ende perfektioniert.
Wenn Sie die Hilfen mehr und mehr vernachlässigen können, lassen Sie auch die Hilfslektionen am Anfang nach und nach weg; sie dienen nur als erste Wegweiser zum Ziel. Und dieses Ziel besteht darin, dass Sie stillstehen, dann rückwärts gehen und dass Ihr Hund auf Ihre Bitte »Back durch« hin einfach rückwärts durch Ihre Beine findet.

EIN GANZ BESONDERER TRICK: RÜCKWÄRTSSLALOM ODER BACK DURCH

1 Im Rückwärtsslalom stellen Sie das dem Hund gegenüberliegende Bein einen Schritt nach hinten. Über das Back Round findet Ihr Schüler die Rückwärtsbewegung.
2 Die Leine dient als Stütze und begleitet den Hund mit sanfter Spannung in die richtige Richtung. Die eindeutige Körpersprache des Trainers hilft ihm, die Lösung zu finden.
3 Mit dem Bei-Fuß-Signal steuern Sie Ihren kleinen Kumpel in die richtige neue Position. Dieser Trick wird von viel passivem Lob begleitet, und am Ende gibt es ein Fest!

Wichtig: Stecken Sie bei einer so komplexen Lektion Ihre Ziele nicht zu hoch. Garantieren Sie Ihrem Hund den Erfolg und feiern Sie mit ihm ausgiebig kleine Feste. Alle Lektionen entwickeln eine Eigendynamik, die es auszunutzen und zu genießen gilt. Etliche Hunde sind davon so begeistert und voller Angebote, dass Sie darüber das sorgfältige, gründliche Arbeiten nicht vergessen dürfen. Jede einzelne Lektion muss eine klare Struktur besitzen sowie durch Anfang und Ende begrenzt sein. Seien Sie bitte auch gnädig mit sich selbst, denn all diese Lektionen erfordern eine eindeutige Sprache und gute Koordination. Verlangen Sie nicht mehr vom Hund, als er leisten kann, und überfordern Sie auch sich selbst nicht. Die Verbindlichkeit, die gemeinsame Freude und der Stolz, den Sie am Ende empfinden – das alles führt Sie direkt zu Ihrem Hund. Den größten Gewinn haben Sie dadurch, dass Sie ihn beim Training sehr gut lesen, verstehen und lenken lernen!

9 So geht's nach Hause: das Home

Männer behaupten ja immer, Frauen könnten nicht rückwärts einparken. Dafür sind Frauen davon überzeugt, dass Männer nicht zwei Dinge gleichzeitig bewältigen. Stimmt das wirklich? Hier können Mann und Frau dem jeweils anderen Geschlecht das Gegenteil beweisen, denn auch diese Lektion schult die Koordination.

Ähnlich wie der Rückwärtsslalom bedient sich das Home etlicher Hilfslektionen, die den Hund in die richtige Position lotsen.

Nach gelungener Schulung bewegt sich der Hund einfach vor Sie und »parkt« dann rückwärts durch Ihre Beine unter Ihnen ein. Aus dieser Lektion können Sie schöne kleine Choreografien entwickeln oder die Übung auch einfach als Gymnastik für Körper und Geist nutzen.

Schritt für Schritt: Ihr fleißiger Schüler befindet sich zum Beispiel links neben Ihnen und ist mit der bewährten Hüftleine gesichert. Das Ende der Leine geben Sie von vorn durch Ihre Beine und führen die Leine hinter dem rechten Bein entlang in die rechte Hand. Lassen Sie die Leine dabei lang genug, sodass der Hund keinen Druck an Hals oder Bauch spürt und Sie sich nicht versehentlich im Eifer des Arbeitens auf die Nase legen.

- Der Hund geht linksseitig bei Fuß, und Sie bewegen sich in einer Drehung nach rechts; das ist das Anschließen aus der Lektion Eindrehen und Anschließen. So bekommen Sie den Hund, der den größeren Bogen laufen muss, leichter nach vorn, und er entwickelt den benötigten Schwung. Das letzte Stück lotsen Sie ihn mit der Rechtswendung Ihres Oberkörpers. Über das Signal »Steh« halten Sie den Hund an und stellen mit der Leine eine Anlehnung zu seiner Hüfte her.
- Nun stellen Sie Ihr rechtes Bein noch etwas weiter nach rechts und geben Sie das Signal »Back Home«: »Back« fordert zur Rückwärtsbewegung auf, »Home« bleibt später als das eigentliche Signal für diese Lektion stehen. Sowie der Hund zwischen den Beinen angekommen ist, geben Sie wieder das Signal »Steh« und loben den vierbeinigen Meister. Nun dürfen Sie miteinander feiern und toben.
- Sie sollten die Übung bald wiederholen. Wie bei den anderen Tricks schulen Sie sowohl links als auch rechts und vernachlässigen im Lauf der Zeit die Hilfen, bis am Ende nur noch das eigentliche Signal bleibt.

Tipps: Arbeiten Sie sorgfältig und langsam. Lösen Sie die helfende Leine erst, wenn Sie sicher sind, dass sie überflüssig ist.

RÜCKWÄRTS EINPARKEN, LEICHT GEMACHT: DAS HOME

1 Nach dem Anschließen erfolgt das »Steh«. Nun wird die Lücke zum Einparken vorbereitet.
2 Durch die Leine gestützt und mit dem Signal »Back« zum Rückwärtsgehen aktiviert, findet der Hund die korrekte Bewegungsrichtung.
3 Der Weg ist dem Hund aus dem Rückwärtsslalom wohlbekannt. Nur der Winkel, in dem der Mensch beim Home zu ihm steht, ist neu.
4 Mit dem Signal zum Stehen halten Sie ihn in der richtigen »Parklücke« an. Toll gemeistert!

Trennen Sie die drei letzten Lektionen gut voneinander und schulen Sie die jeweils neue Lektion erst, wenn die zuvor wirklich abgeschlossen ist und sitzt. Üben Sie an einem Tag etwa das Home, dann sollten Sie nicht auch den Rückwärtsslalom schulen, sonst macht Ihr Hund schnell verkehrte Angebote und handelt sich Kritik ein. Denken Sie daran: Die beste Kritik ist die, die gar nicht erst nötig ist. Später, wenn alle diese Lektionen gut erarbeitet und wirklich verstanden sind, können sie kombiniert werden. Während der Schulung ist es jedoch wichtig, sie sauber zu trennen. Diese Lektion wird sich für Sie vielleicht sehr einfach, fast langweilig anfühlen. Das ist das Resultat der gründlichen Schulung bis jetzt. Denn eigentlich ist Home nur ein Nebenprodukt von Back Round, Slalom, Rückwärtsslalom, Eindrehen und Anschließen – und von Ihrer positiven Einstellung zu Ihrem Schüler.

Flott, geschickt und wendig: die Sprünge

Damit Ihr kleiner Sportsmann in diese Schulung einsteigen darf, braucht es drei Voraussetzungen: Er soll fit, gesund und älter als zwölf Monate sein. Die Reife der Gelenke und das abgeschlossene Knochenwachstum sind hier die entscheidenden Faktoren. Ebenso spielt es eine Rolle, was für ein Typ Ihr Hund ist. Sind Sie zum Beispiel stolzer Besitzer eines Dachshundes, werden Sie vielleicht selbst erkennen, dass er aufgrund seines langen Rückens und seiner kurzen Beine nicht für Sprünge prädestiniert ist. Dies trifft auch auf Hunde mit Übergewicht zu, deren Gelenke zu sehr belastet würden. Widmen wir uns daher den Athleten, die gut dafür geeignet sind. Für alle anderen hat dieses Buch etliche weitere Lektionen auf Lager, die Mensch und Hund Spaß machen.

Sprünge sorgen für Dynamik und fördern die Sportlichkeit

Wer sich in die Schar möglicher Schüler einreihen kann, entscheidet die Anatomie des Rassehundes oder Mischlings. Etliche Vierbeiner haben einen Körper, der wie eine Feder funktioniert, und sind vom Höhen-Längen-Verhältnis und der Winkelung der Beine optimal ausgerüstet: Je »quadratischer« der Hundekörper ist, desto besser kann er springen. Wirkt der Körper eher länglich, sollte die Springerei mit Vorsicht behandelt werden. Je kürzer die Beine bei einem länglichen Körper sind, desto weniger sollte gesprungen werden. Auch große und schwere Hunde eignen sich nicht für alle Sprünge. Sie alle können dafür aber hervorragend andere Tricks lernen.

1 Dynamisches Vertrauen: auf den Arm springen

Ein leises Zeichen – und mein Hund springt mir enthusiastisch auf den Arm, wohl wissend, dass ich ihn auffange. Diese Übung bringt Spaß ohne Ende, Dynamik im Training und meistens Arbeit für die Waschmaschine. So schwerelos und leicht sie am Ende aussieht, so gründlich und fein wird sie geschult.

Voraussetzungen: Für den Erfolg dieser Lektion sind Respekt, Vertrauen und eine sehr gut funktionierende ziehende Hilfe nötig.

Schritt für Schritt: Ich sitze auf einem Stuhl oder einer Bank.

- Nun rufe ich den Hund beim Namen und klopfe als Sichtzeichen auffordernd auf meine Oberschenkel. Kommt er daraufhin mit den Vorderpfoten hoch, ist es bereits Zeit, den ersten Etappensieg mit einem aktivierenden aktiven Lob in ausreichender Dosis zu feiern.
- Dies wiederhole ich, bis der Hund sicher weiß, dass die Karte Bedrängen die erwünschte ist. Begeistert von seiner Erkenntnis, wird er immer mutiger, und ich »ziehe« ihn immer stärker, bereit, ihn mit einer Hand unter seinem Hinterteil ein wenig zu stützen, sollte er sich ganz hoch trauen. Auf meinem Schoß angekommen, wird er kräftig gelobt.
- Ich fordere dies so oft ein, bis der Hund den Sprung auf meinen Schoß ganz allein schafft. Dann erst hänge ich an die ziehende Hilfe das gewählte Signal, etwa »Hopp«.
- Jedes Mal, wenn der Bursche wieder von meinem Schoß auf den Boden soll, sage ich beispielsweise »Runter«. Da er noch nicht weiß, was »Runter« bedeutet und wo er es findet, gebe ich ihm ganz vorsichtig mit einem leisen Knurren die treibende Hilfe, sodass er als Lösung mehr Distanz anbietet. Ist er unten, wird wieder aktivierend gelobt.
- Nun fordere ich ihn auf, wieder hochzuspringen. So wird der Aufwärts- und Abwärtssprung lenkbar und kann oft gefeiert werden.
- Wenn der Hund sicher gelernt hat, was ich bei den Signalen »Hopp« und »Runter« von ihm erwarte, setze ich mich auf die Armlehne des Stuhls oder der Bank; dadurch wird meine Beinwinkelung verändert. Die Lektion beginnt wieder von vorn. Springt mein kleiner Freund auch dann unbefangen auf meine Beine, kann ich die Übung weiter variieren,

zum Beispiel, indem ich mich mit dem Rücken an eine Wand lehne und meine Beine nur noch leicht abgewinkelt sind. Dann folgt fröhlich das Signal »Hopp«.

- Je steiler ich stehe, desto mehr muss ich mir angewöhnen, das Sichtzeichen mit nur einer Hand zu geben. Die andere hängt seitlich am Körper herunter und ist frei, um den Vierbeiner zu halten, wenn er angesprungen kommt. Ebenso muss ich darauf achten, ihn kurz auf dem Arm zu halten, bevor er wieder abspringt. Diesen frohen Moment des Erfolgs genieße ich mit meinem Schüler – wir haben gemeinsam die Lösung gefunden. Erst danach wird neu gestartet.
- Die Lektion entwickelt immer mehr Dynamik – es wird Zeit, meine angewinkelten Beine zu strecken. Noch an der Wand lehnend, aber bereits mit gerade ausgestreckten Beinen, lasse ich den Hund den Flug direkt in meine Arme beginnen. Gestützt von der Wand im Rücken, kann ich das Gleichgewicht halten. Erst wenn ich so standfest bin, dass ich meinen Kumpel ohne Risiko weich und sicher im Flug aufnehmen kann, stelle ich mich aufrecht und frei in den Raum.

Wichtig: Neben dem Spaß und der guten Laune, für die diese Übung sorgt, muss man sehr darauf achten, dass man auch das Ende der Lektion schult. Ich habe etliche Hunde erlebt, die nach unzureichender Schulung gern unaufgefordert auf den Arm springen, um ihren Menschen froh zu stimmen. Es darf sich aber aus den Sprüngen keine ungeordnete Distanzlosigkeit entwickeln.
Sollten Sie Ihren Vierbeiner einmal nicht sicher auffangen und dadurch etwas Vertrauen einbüßen, gehen Sie gleich ein paar Schritte zurück und erklären ihm das Ganze noch einmal. So können Sie ganz schnell das Vertrauen wieder herstellen und sich für Ihren kleinen Fehler entschuldigen.

STÄRKT DIE BINDUNG: DER SPRUNG AUF DEN ARM

1 Mit angewinkelten Beinen und mit dem Rücken an der Wand abgestützt, kann der Trainer seinem Schützling ein hohes Maß an Sicherheit vermitteln.
2 Wenn der Hund den Sprung schließlich wagt, ist es wichtig, dass er sicher und warm empfangen wird. Hier ist ein aktives Lob fällig, das von Herzen kommt.
3 Hat der Schüler das Ziel erreicht, wird dieser Moment mit viel Lob und Begeisterung ausgekostet. Erst danach aktiviert der Trainer seinen Hund zum Abstieg.

2 Hoch hinaus – über den Arm springen

Sie gehen in die Hocke, strecken einen Arm zur Seite aus und sagen leise das Wort »Arme« – schon kommt Ihr kleiner Vierbeiner mit eifrigem Gesichtsausdruck angesaust und springt im freien Flug über Ihren Arm. Dann kehrt er auf dem Absatz um, Sie strecken den anderen Arm zur Seite aus, murmeln noch einmal das Zauberwort, und mit einem weiten, hohen Sprung fliegt Ihr Hund zurück über den anderen Arm. Ein Riesenspaß!

Extranutzen: Ist diese Lektion richtig geschult, können Sie sie gelegentlich im Rahmen der Tobespiele beim aktivierenden aktiven Lob einsetzen. Der Bezug zu dieser Art des Lobes ist naheliegend, denn Sprünge können Verspannungen und Blockaden in Körper und Geist sehr effektiv lösen und so zur allgemeinen Entspannung beitragen. Es empfiehlt sich daher, die Übung später immer wieder einmal als lösendes Element in den Trainingsplan einfließen zu lassen.

Voraussetzung: Für die Lektion sollte der Hund das Signal »Steh« beherrschen.

Schritt für Schritt: Ich suche mir für die Schulung möglichst eine Rasen- oder Sandfläche mit einer äußeren Begrenzung, etwa einem Zaun oder einer Mauer. Dann hocke ich mich eine Armlänge entfernt davon hin. Wird zuerst das Springen über den linken Arm geschult, ist meine linke Körperseite zur Begrenzung gerichtet. Der Hund steht angeleint links hinter mir.

- Ich strecke nun den linken Arm waagerecht zirka 40 Zentimeter über dem Boden aus (bei kleinen Hunden auch niedriger) und lege meine Hand an die Begrenzung. In der rechten Hand führe ich die Leine, die vorher über den ausgestreckten Arm gelegt wurde.
- Nun wende ich den Kopf zum linken Arm und sage den Namen des Hundes. Gleichzeitig halte ich die Leine so vorsichtig in Anlehnung, dass der Hund nicht gestört ist, aber auch nicht rechts um mich herumlaufen kann. Er findet sicher den Weg über meinen linken Arm, und ein kleines Fest kann starten.
- Hat er den Weg als seine Idee entdeckt, füge ich der ziehenden Hilfe das Signal hinzu.

ANNE KRÜGER: SO LÄUFT'S LEICHTER

Das richtige Signal finden:

- Nennen Sie den Sprung über den Arm nicht wie in der Lektion zuvor »Hopp« – sonst sucht Ihr Hund die Lösung möglicherweise auf Ihrer Schulter. Denn »Hopp« bedeutet für ihn ja, dass die Lösung an Ihrem Körper versteckt ist.
- In dieser Lektion bildet der Körper ein zu überwindendes Hindernis; die Lösung liegt davon entfernt. Wählen Sie als Signal zum Beispiel »Arme«.

- Ich wiederhole diese Prozedur immer an derselben Stelle und aus derselben Richtung, bis sie für den Hund zu einem ganz normalen Ritual wird. Erst dann erhöhe ich die Sprunghöhe ein wenig. Hat der Vierbeiner meine Wunschhöhe oder seine höchstmögliche Sprunghöhe erreicht, verändere ich die Variable der Entfernung zur Begrenzung. Bis ich

SPRÜNGE MACHEN SPASS!

1 Mit der Leine als Sicherung, mit niedriger Sprunghöhe und klarer Begrenzung garantiert dieser Trainer seinem Hund den Erfolg.
2 Als Erstes wird die Variable der Sprunghöhe verändert, jedoch noch nicht der Ort.
3 Überfordern Sie den Hund nicht. Spüren Sie, wie hoch er gern springt; das schafft Vertrauen.
4 Ohne Leine und Begrenzung kann dieses Team den Sprung über die Arme an jedem gewünschten Ort in Perfektion zeigen.

ohne Begrenzung in der Nähe hocken kann und mein Schüler ohne Leine frei springt, muss er in dieser Lektion Sicherheit erlangen. Als letzte Variable löse ich daher die Leine.

- Soll der Hund nun den Rückflug über den anderen Arm buchen und von vorn nach hinten springen, startet die Übung wieder am Anfang: Ich bin tief in der Hocke, den rechten Arm flach über den Boden, die Leine diesmal von vorn nach hinten und in der linken Hand; aber ich benutze dasselbe Signal. Die Position reicht aus, um dem Hund die neue Sprungrichtung zu zeigen. Diesmal wird es schneller gehen, denn die Grundlagen kennt der Hund schon.

Wichtig: Vergessen Sie das Feiern nicht und verändern Sie den Schwierigkeitsgrad nur langsam. Wer in Ruhe schult, dessen Hund wird verbindlich, zuverlässig und voller Vertrauen mitarbeiten.

3 Mitten durch – durch die Arme springen

Diese Lektion macht unbedingt Lust auf mehr und sorgt für gute Laune. Sie sieht so einfach aus, hat Pep und ist so schnell und leicht umgesetzt. Man formt mit den Armen einen Kreis, und der Hund fliegt mit wehenden Ohren mitten hindurch – natürlich nicht gleich von Anfang an, aber wenn Sie die Politik der kleinen Schritte gut beherzigen, dann klappt es erstaunlich rasch.

Voraussetzungen: Hierfür muss der Hund die Lektion des Stehens beherrschen und gut auf die ziehende Hilfe reagieren.

Schritt für Schritt: Sie legen die Leine als Hilfsmittel so zusammen, dass sie noch etwa 40 Zentimeter lang ist, und nehmen jedes Ende in eine Hand.

- Nun stellen Sie sich recht nah vor den Hund und halten die Leine niedrig über den Boden; Ihre Arme deuten einen Kreis an, der durch die Leine recht groß wird.
- Schauen Sie durch diesen Kreis zu Ihrem Hund und geben ihm die ziehende Hilfe. Prompt steigt Ihr Hund durch den Kreis, und Sie loben direkt aktivierend.
- Dies können Sie sofort wiederholen – und zwar so oft, bis Sie spüren, dass der Hund den Weg immer leichter findet. Erst dann verändern Sie eine Variable geringfügig, etwa den Abstand zum Boden um wenige Zentimeter.
- Meistert der Hund die veränderte Sprunghöhe, können Sie auch die Größe des Kreises etwas reduzieren. Dazu nehmen Sie einfach die Leine etwas kürzer, rücken also mit den Händen etwas dichter zusammen.
- Klappt auch das, können Sie immer wieder eine Variable verändern. Springt Ihr Hund zunehmend mit Pep und Schwung durch Ihren Kreis, ergänzen Sie schließlich das dafür ausgewählte Signal, beispielsweise »Hepp«.
- Nach und nach verkleinern Sie den Kreis, bis Sie die Leine ganz weglassen können, und erhöhen den Abstand zum Boden, halten also Ihre Arme in einer Höhe, die Ihr Hund noch überwindet. Genießen Sie den gemeinsamen Spaß, den Sie an dieser Lektion haben, und verpassen Sie keine Gelegenheit, um mit Ihrem lieben Freund kleine Feste zu feiern!

Tipps: Wenn Ihr Hund zu denen gehört, die lieber am Kreis vorbeigehen möchten, stellen Sie sich dicht an eine Begrenzung, sodass der Weg verschlossen ist. Verhält sich Ihr Hund beim Durchqueren des Kreises eher passiv, schulen Sie die Lektion in noch kleineren Schritten und feiern Sie Ihren Hund für erbrachte Leistung noch mehr. Zeigt er sich dagegen zu dynamisch und springt Ihnen beinahe ins Gesicht, dann legen Sie ihn nach dem Durchqueren des Kreises direkt wieder ab – natürlich nur, wenn das Hinlegen schon gründlich geschult wurde.

Mit der Leine formen Sie einen Kreis, durch den Ihr Hund springen kann. Später reichen die Arme aus.

4 Beinchenstellen unmöglich: über das Bein springen

Im vollen Galopp donnert Ihr Rabauke auf Sie zu. Da sagen Sie »Beine« – und der Hund hebt ab und fliegt über Ihr seitlich ausgestrecktes Bein hinweg, um hinter Ihnen sofort umzukehren und auf dem Rückweg über Ihr anderes Bein nach vorn zu fliegen. So beeindruckend diese Übung ist, so wenig handelt es sich um eine Neuerfindung: In ähnlicher Form haben Sie sie Ihrem Hund bereits beim Sprung über die Arme erklärt.

Wichtig: Hier geht es trotzdem um einen anderen Schulungsweg, daher sollten Sie jeden Schritt noch einmal neu ansprechen. Diesmal wird der Hund wahrscheinlich deutlich schneller ans Ziel kommen; Veränderungen, wie das Hindernis Bein anstatt Arm, eine andere Körperhaltung und andere Bewegungsmuster des Menschen, können den vierbeinigen Schüler aber irritieren. Aus diesem Grund bekommt die Übung ein anderes Signal. Verwenden Sie etwa »Beine« dafür.

Großes Vergnügen macht dem Team das Spiel aus Präzision und Dynamik: der Sprung über das Bein.

Voraussetzung: Der Hund muss den Sprung über die Arme sicher beherrschen.

Schritt für Schritt: Ihr Hund soll über Ihr linkes Bein springen. Nehmen Sie ihn an die Leine, positionieren sich an einer Begrenzung – etwa Wand, Zaun oder Baum – und stützen den linken Fuß daran ab. Der Hund steht links vor Ihnen, Sie halten die Leine in der rechten Hand.

- Stellen Sie eine sanfte, leicht begrenzende Spannung oder Anlehnung zum Hundehals her, damit Ihr kleiner Kumpel die Lösung schnell findet. Mit der linken Hand können Sie ein Sichtzeichen auf das linke Bein geben und zeitgleich das Signal »Beine« sagen.
- Nach dem aktivierenden aktiven Lob wird die Lektion sogleich wiederholt.
- Ist der Weg in die eine Richtung gut erklärt, machen Sie sich genauso auf den Rückweg, nur eben spiegelverkehrt: Ihr Hund steht dann hinter Ihnen, und die Leine läuft von hinten nach vorn in die Hand auf der anderen Seite. Da Ihr Schüler das Signal »Beine« bereits verstanden hat, werden Sie den Lernerfolg in vollem Maß genießen können.

Die Hilfen: Die ziehende Hilfe hat hier nur begrenzt Erfolg. Sie kann dazu führen, dass Ihr Hund sich vor Sie hinsetzt und Sie anschaut. Deswegen wird sie nur dann zaghaft ausgesprochen, wenn dem Hund geholfen werden soll, die Lösung in Ihrer Richtung zu suchen. Das Sichtzeichen lotst den Vierbeiner deutlich dominanter über das Bein.

Variationen: Die Variablen, die nach und nach verändert werden, sind diesmal die Höhe des Beines und das Weglassen der Begrenzung wie Baum, Mauer oder auch Leine. Immer nur eine Veränderung zur selben Zeit garantiert den Erfolg. Viel Spaß dabei!

5 Geschickt und wendig: durch die Beine springen

Der Sprung durch die Beine ist wohl das unkomplizierteste Manöver der ganzen Trickschule und weist auch das beste »Preis-Leistungs-Verhältnis« auf. Denn hier bedienen Sie sich einfach einer bereits gut erlernten Lektion, verschieben nur nach und nach ein Bein – und schon haben Sie eine beeindruckende neue Übung.

Voraussetzung: Der Slalom muss sitzen.

Schritt für Schritt: Stellen Sie sich wie beim Slalom, aber rücken Sie im Lauf der Schulung die Ferse des ausgestellten Beines allmählich immer näher an die Fußspitze des anderen Beines. Dabei winkeln Sie Ihr Knie deutlich ab, sodass der Durchgang für Ihren Hund nicht enger, sondern nur wie ein Ring nach oben verschoben wird.

- Bislang forderten Sie Ihren Hund mit dem Signal »Und durch« zum Slalom auf. Hier können Sie dasselbe Signal verwenden, denn es handelt sich um die gleiche Lektion – nur dass der Hund hier durch die Beine nicht läuft, sondern springt. Das können Sie so lange steigern, wie Sie Ihr Gleichgewicht halten und der Hund den Sprung noch schafft.
- Das Ziel ist es, dass Sie ein Bein hoch an das andere stellen und damit einen Ring bilden, durch den Ihr Hund dann springt.

Vorteile: Diese Lektion wirkt sich sehr positiv auf die gemeinsame Koordination sowie das gemeinsame Timing aus, und sie vertieft das Vertrauen zwischen Mensch und Hund. Ich empfinde sie als ausgezeichnetes Körpertraining – der Mensch lernt dabei, länger als gewöhnlich auf einem Bein zu stehen, und die Rückenpartie des Hundes muss sich gleichermaßen durch den Slalom biegen und durch die Sprungbewegung aufwölben. Dabei ist aber die Sprunghöhe niemals bedenklich für die Gelenke des Hundes.

AUCH BEIM SPRUNG DURCH DIE BEINE ENTSTEHEN VERTRAUEN UND MUT

1 Aus dem Slalom kennt der Hund bereits die Bewegung durch die Beine. Hier wird genauso gearbeitet – mit dem Unterschied, dass ein Bein hoch an das andere gestellt wird.

2 Schwungvoll nimmt der Hund das Hindernis. An seiner positiven Dynamik ist vollstes Vertrauen zum Menschen zu erkennen: Mit zielgerichteter Bewegung fliegt der kleine Border Terrier durch die Öffnung.

3 Was in die eine Richtung funktioniert, das klappt auch in die andere ausgezeichnet – ein Riesenspaß für Mensch und Hund!

6 Wie ein lauer Sommertag – das Seilspringen

Diese Lektion sorgt in der Tierschule tatsächlich für Geschlechtertrennung. Schon auf dem Schulhof waren Seilspringen und Gummitwist Mädchensache; Jungs spielten Fußball. Dabei macht die Übung so viel Spaß.

Voraussetzungen: Der Hund muss das Stehen und das Bei-Fuß-Gehen gut beherrschen. Auch die Hilfen und das Lob sollten gründlich geschult sein, damit Timing und Ablauf funktionieren. Der Mensch sollte über eine feine Koordination von Körper und Geist sowie die grundsätzliche Fähigkeit zum Seilspringen verfügen und eine Extraportion Freude an der Aktivität mitbringen.

Schritt für Schritt: Diese Lektion beginnt wie die anderen auch ganz einfach und langsam. Nehmen Sie einen stabilen Schlauch und kürzen ihn auf die Länge eines normalen Springseils: Wenn die Schlauchmitte unter Ihren Füßen liegt, sollten die Enden rechts und links lang genug sein, damit Sie sie mit leicht angewinkelten Armen bequem halten können.

- Bitten Sie den Hund in die Bei-Fuß-Position und gehen Sie langsam mit ihm geradeaus. Den Schlauch halten Sie in beiden Händen hinter sich und heben ihn jetzt in Zeitlupe wie ein Springseil hoch, damit der Hund diese Bewegung aufmerksam beobachten kann. Lassen Sie den Schlauch ebenso langsam über Ihren Kopf hinweg vor sich herunter und steigen gemeinsam mit dem Hund darüber.
- Ist die Verwunderung des Hundes über die neuen merkwürdigen Angewohnheiten seines Menschen verflogen, erhöhen Sie langsam das Tempo. Wenn Sie die normale Gehgeschwindigkeit erreicht haben, gewöhnen Sie den Hund daran, dass Sie nun nicht mehr über das Seil gehen, sondern darüberhüpfen – das mag ihn ebenfalls in Erstaunen versetzen.
- Nimmt er schließlich auch das hin, fordern Sie ihn mit dem Signal »Und hepp« auf, mit Ihnen gemeinsam zu springen (»Hepp« kennt er vom Sprung durch die Arme, das vorangestellte »Und« hilft beim Timing). Halten Sie den Schlauch etwas höher, als es notwendig wäre. So muss der Kleine springen und lernt, dass dazu das Signal »Und hepp« gehört.
- Setzt er auf das Signal hin zum Sprung über den Schlauch an, springen Sie mit und überwinden damit gemeinsam den hochgehaltenen Schlauch. Die Signalfolge ist dann: »Fuß« – »Und hepp« – »Fuß«.
- Halten Sie das Tempo noch lange Zeit stark gedrosselt, denn Sie haben mit allem anderen schon genug zu tun: mit der Koordination Ihrer Hände und Füße, die unabhängig voneinander arbeiten müssen, sowie mit den Füßen Ihres Hundes und den richtigen Signalen zur rechten Zeit. Erst wenn Sie und Ihr Vierbeiner in dieser Lektion Routine entwickeln und das Springen tatsächlich abrufbar ist, sollten Sie sich an der nächsten Stufe versuchen.
- Nun brauchen Sie ein etwa 50 Zentimeter langes Stück Schlauch, durch das Sie ein Seil von der Länge eines für Sie passenden Springseils durchziehen. Auf diese Weise bleibt das Hindernis, der Schlauch, für Ihren Vierbeiner gut sichtbar, aber Sie haben nun Seilenden in der Hand und können die Geschwindigkeit beim Überschlagen viel leichter erhöhen. Achten Sie darauf, die Geschwindigkeit dem Vermögen des Vierbeiners anzupassen.
- Bewegen Sie sich beim Seilspringen leicht vorwärts, damit Ihr Hund noch nicht ständig auf der Stelle springen muss. Denn ein guter Sprung ist schon ein toller Erfolg. Geben Sie sich zunächst damit zufrieden und starten Sie erst nach einer etwas ruhigeren Geradeausbewegung wieder neu – so behalten Sie den Überblick und Ihr Hund seinen Spaß.

FÜHLT SICH AN WIE FRÜHER: SEILSPRINGEN

1 Beginnen Sie fast in Zeitlupe, mit dem Hund gemeinsam über das Seil zu steigen.
2 Macht der Hund gut mit, können Sie den Schwung erhöhen und zusammen mit dem Hund im richtigen Moment abspringen.
3 Die Koordination Ihrer Hände und Füße sowie das gute Timing der Signale sind entscheidend für den Erfolg.
4 Dynamik, Schwung und Spaß, kombiniert mit feiner Präzision, ergeben eine tolle Übung.

Tipp: Das Seilspringen wird Ihr Schüler nicht so schnell lernen wie manche andere Lektion. Dabei steht jedoch meist die Koordination des Menschen dem Erfolg im Weg. Verwenden Sie erst dann ein klassisches Springseil, wenn Sie mit Ihrem Springseil-Imitat fehlerfrei einige Sprünge nacheinander geschafft haben. Läuft bis dahin alles gut, können Sie im letzten Schritt schließlich die Sprünge mehr auf der Stelle halten.

Motivieren: Das Lob sollte Ihren vierbeinigen Schützling in der Lektion ständig begleiten; es darf aber nicht so enthusiastisch ausfallen, dass er aus der Spur gerät und dadurch die Situation gestört wird.
Mich erinnert Seilspringen immer an schöne Sommertage, an denen man mit Freunden und Familie im Garten Würstchen grillt und mit den Hunden Spaß macht – so eine Stimmung entsteht auch bei unserer Übung.

Mit Reife und Disziplin: die Hohe Schule

Sie ist der Pferdedressur entlehnt und bezeichnet die Arbeit mit dem Hund auf höchstem Niveau: die Hohe Schule. Um darin erfolgreich zu sein, benötigt Ihr Vierbeiner nicht nur das für die Ausführung der Tricks notwendige gesunde Körpergefühl, ein sicheres Gleichgewicht, kräftige Muskeln und athletisches Training, sondern darüber hinaus vor allem Reife, innere Ruhe und eine ausgewogene Balance aus Belastbarkeit und Trainierbarkeit. Auch tiefe Verbundenheit von Mensch und Hund ist nötig. Diese haben Sie erreicht, wenn Ihr gemeinsamer Weg von Respekt, Vertrauen und Verlässlichkeit geprägt ist, wenn Sie Lektionen erarbeitet, Kritikfähigkeit erworben und viele Feste gefeiert haben. Die Lektionen der Hohen Schule sind die Krönung des gemeinsamen Weges.

Beeindruckende Kunststücke in Harmonie und Anmut

Die beiden Partner des Teams haben sich auf eine gemeinsame Sprache geeinigt, viele Kenntnisse übereinander erworben und die individuellen Lernmuster studiert. Die korrekte und effiziente Schulung ging bisher vom aktiven Angebot aus. Dazu gehört das größte aller Kunststücke, das auch weiterhin allen Übungen voransteht: die gegenseitige Gesprächsbereitschaft – das Zuhören.

Mehr als nur Tricks

Die Lektionen der Hohen Schule beinhalten filigrane Bewegungsmuster: das Kompliment, den Spanischen Schritt, das Steigen und das Häschen. Man würde der Hohen Schule aber nicht gerecht, wenn man sie nur auf die Darbietung zirzensischer Lektionen beschränkte: Auch ein gut geschulter Blindenführhund, ein exzellenter sozialer Diensthund und natürlich ein grandios ausgebildeter Hütehund folgen den Mustern der Hohen Schule. Ebenso gibt es Vierbeiner, die keines dieser Kunststücke beherrschen, die jedoch mit ihrem Menschen sehr eng verbunden und harmonisch auf ihn abgestimmt sind und die über ein feines Maß an Achtsamkeit verfügen. Auch die Anmut solcher Teams vermittelt das einzigartige Gefühl der Hohen Schule; bei ihnen kann man von der Hohen Schule der Angeschlossenheit und Leichtigkeit sprechen.
Das erste der folgenden Kunststücke arbeitet mit dem System des Angebots, die übrigen drei Lektionen benutzen die Karte Abwehr.

1 Höflich und vornehm: das Kompliment

Dieser Trick wirkt wie eine tiefe und würdevolle Verneigung, fast wie ein Knicks: Der Hund winkelt dabei ein Vorderbein unter dem Körper an und streckt das andere weit nach vorn aus, während die Hinterbeine stehen bleiben und die komplette Last des Vorderkörpers tragen.

Voraussetzungen: Diese Lektion funktioniert nach dem Prinzip des Angebots. Sie sollte unbedingt gearbeitet werden, bevor der Hund gelernt hat, auf die Aktivität im Vorderbein mit Abwehr zu reagieren; der Grund dafür wird in der nächsten Lektion, dem Spanischen Schritt, gut nachvollziehbar.
Alle Hunde mit entsprechender Vorbildung, gesunden Gliedmaßen und der notwendigen Beweglichkeit können dieses Kunststück ausführen. Es kräftig den Rücken, schult den Gleichgewichtssinn sowie die Geschicklichkeit und fördert die konzentrierte, feine Sprache.

Die Hilfen: Für eine erfolgreiche Schulung des Kompliments sollte der Hund mit der Hüftleine vertraut sein sowie das Hinlegen mit der Nackenpressur und das Stehen beherrschen. Als zusätzliche Hilfsmittel werden eine dünne, kurze Leine als Vorderfußstütze und später auch eine Reitgerte zum Touchieren des Vorderbeines benötigt.

Wichtig: Nehmen Sie sich viel Zeit für die Schulung. Es handelt sich hier zwar um einen natürlichen Bewegungsablauf, den der Vierbeiner beispielsweise zeigt, wenn er sich mit

Für das Kompliment benötigen Sie eine feine Leine, die, am Hundefuß befestigt, dem Hund Halt gibt.

den Zähnen am Vorderfußballen kratzt, doch das gezielte Einüben ist komplex und bedarf guter Koordination.

Schritt für Schritt: Bringen Sie Ihren Hund in die stehende Position und legen Sie ihm die Hüftleine an (→ Seite 73).

◆ Nun befestigen Sie die dünne Leine an dem Vorderbein Ihrer Wahl: Legen Sie eine kleine Schlaufe unter das Vorderfußwurzelgelenk (→ Foto links) und führen Sie die Leine von dort aus an diesem Bein wieder gerade hoch bis zur Schulter; diesen Teil der Leine bezeichne ich als »Hauptstrang«.

Von hier legen Sie die Leine um den Brustkorb des Hundes: Führen Sie sie über seine Schulter auf der anderen Seite wieder herunter und ziehen sie hinter den Vorderbeinen, aber vor dem Hauptstrang, nach oben; das Ende halten Sie fest in der Hand. Hüft- und die Brustleine müssen korrekt angelegt sein, um dem Hund beim Schaukeln Halt zu geben.

◆ Nun ziehen Sie vorsichtig den Hauptstrang der Leine mit der Vorderfußstütze an, bis die Pfote unter dem Körper des Hundes so weit angehoben ist, dass der Teil des Vorderbeins unterhalb des Vorderfußwurzelgelenks in der Waagerechten ist. Wiederholen Sie ruhig und gleichmäßig das Signal »Steh« und loben Sie den Hund ruhig. Bleibt er ganz still stehen,

DAS KOMPLIMENT: SO SCHAUKELN SIE IHREN HUND IN DIE LÖSUNG

1 Der Hund wird mit einer Hüftleine gestützt und lernt über das Schaukeln sacht den Weg ins Kompliment. Eine leichte Pressur aktiviert ihn in die schaukelnde Bewegung.

2 Das Prinzip der Aktivierung sorgt dafür, dass der Hund die Lösung selbstständig entdeckt – so wird das Kompliment von ihm als seine eigene Idee verinnerlicht.

3 Gelassen und konzentriert lernt der Hund, die Bewegung auszuführen. Er wird körperlich so gekräftigt, dass die Ausführung für ihn bald eine Leichtigkeit ist.

lassen Sie die Leine wieder locker, und Ihr kleiner Schüler kann seine Pfote wieder auf den Boden stellen. Beginnen Sie von vorn und wiederholen Sie das Ganze so lange, bis der Hund in dieser Haltung total entspannt.

- Im nächsten Schritt beginnen Sie mit dem Schaukeln. Das Bein halten Sie in der Waagerechten und aktivieren den Hund mit einer ganz leichten Nackenpressur, nach hinten nachzugeben. Gleich darauf lassen Sie ihn wieder nach vorn, lockern die Fußleine und lassen ihn in Ruhe stehen. Dann beginnen Sie von vorn. Beim Schaukeln geht es nicht um das Kompliment, sondern um die Kooperation des auf drei Beinen stehenden Hundes.
- Findet Ihr Hund voller Vertrauen und Ruhe die Lösung im Schaukeln, wird er bei etwas intensiverer Aktivierung im Kompliment landen: Er verlagert sein Gewicht auf die Hinterbeine und das belastete Vorderbein und lässt sich durch die Pressur bis auf das Vorderfußwurzelgelenk hinunterschaukeln.
- Üben Sie das langsam und auf beiden Seiten. Sie dürfen nicht zu viel von Ihrem Hund verlangen – er muss die für das Kompliment notwenige Muskulatur im Rücken erst noch entwickeln, um ausreichend Kraft für diese besondere Bewegung zu haben.
- Hat er die Lektion bis zu diesem Punkt verstanden und geht in das Kompliment, wenn Sie sein Bein hochnehmen und ihm die Hand auf den Nacken legen, dann können Sie das Signal einführen: Sagen Sie diesmal »Kompliment«, kurz bevor Sie ihm die Hand auf den Pressurpunkt legen. Die Berührung kündigen Sie wie gewohnt mit »Na« an.
- Klappt das gut und steht der Hund sicher auf drei Beinen, lassen Sie die Brustleine, die Schlaufe um den Brustkorb, weg. Sie halten dann in einer Hand den Hauptstrang und haben die andere notfalls frei für die Pressur.
- Findet Ihr Hund leicht die Lösung in der gewünschten Haltung, wird er im nächsten Schritt aktiviert, selbstständig sein Bein zu heben; dazu benötigen Sie die Reitgerte. Diese sollte Ihr Hund schon kennen und auch die Erfahrung gemacht haben, dass Sie ihn damit prima streicheln und kraulen können. Ist die Fußleine gut befestigt und in Spannung oder Anlehnung Richtung Schulter gehalten,

ANNE KRÜGER: SO LÄUFT'S LEICHTER

Folgende Aspekte spielen beim Kompliment eine große Rolle:

- Benutzen Sie das Schaukeln, um den Hund in die gewünschte Position zu bringen. So spürt der Hund vorab den Bewegungsablauf und kann die gesamte Handlung besser begreifen.
- Eine ruhige Atmosphäre ist entscheidend. Das Prinzip der Aktivierung bringt Sie und Ihren Hund Schritt für Schritt voran. Krafteinwirkung ist nicht nötig und nicht erwünscht.

beginnen Sie vorsichtig damit, das Vorderbein, das der Hund heben soll, zu touchieren, also ganz leicht zu berühren. Geben Sie Ihrem Hund dabei das Signal »Kompliment«.

- Da er das noch nicht gleich umsetzen wird, berühren Sie weiter mit der Gertenspitze sanft und in schneller Wiederholung – immer von einem »Na« angewarnt – den unteren Teil des

Beines, bis der Hund die Pfote anhebt; so lernt er, wie er das Touchieren abstellen kann.

- Wenn das gut sitzt, soll er als Nächstes die Pfote unter dem Körper heben. Zeigen Sie ihm dies wieder mithilfe der Gerte. Die Leine soll hier nur verhindern, dass der kleine Kumpel die Pfote einfach wieder absetzt.
- Schon bald wird Ihr Hund auf das Touchieren hin den Fuß heben und ohne stützende Hilfe der Leine den Weg ins Kompliment

ANNE KRÜGER: SO LÄUFT'S LEICHTER

Aktivieren mit der Reitgerte:

- Die Gerte dient als »langer Finger«, Sie können den Hund damit aktivieren, ohne ihm zu nahe zu kommen; dies erleichtert das Erklären erheblich. Verwenden Sie die Gerte oft, um den Hund entspannend zu kraulen.
- Beim Kompliment stellt die Aktivierung der Pfote mit der Gerte den entscheidenden Zwischenschritt dar, bevor die Lektion später rein auf das Signal hin abgerufen werden kann.

finden. Das ist immer wieder ein berauschendes Gefühl – der Stolz, den Sie dann empfinden, muss dringend in einem großen Fest mit Ihrem vierbeinigen Freund geteilt werden! Meist entwickelt sich durch die Routine der allerletzte Schritt ganz von allein: Ihr Hund macht das Kompliment bald auch ohne Gerte.

Lektionen nach dem Prinzip der Abwehr

Stellen Sie sich vor, auf Ihrer Nase sitzt eine Fliege – reflexartig verscheuchen Sie sie mit der Hand. Diese Bewegung ist eindeutig eine Abwehrreaktion, die Sie wahrscheinlich sogar im Schlaf ausführen könnten, ohne darüber nachzudenken.
In der Schulung nach der HarmoniLogie ist die Abwehrkarte eine wunderbare Karte – solange Ihr vierbeiniger Freund anständig mit ihr umgeht. Aus eben diesem Grund sollten Sie die Karte erst einsetzen, wenn Sie mit Ihrem Hund gründlich die Lektionen nach dem Prinzip des Angebots gearbeitet haben und er sie sauber beherrscht; erst dann bringt er nämlich die notwendige Reife und genug Anstand mit. Schließlich wollen Sie sicher sein, dass Ihr kleiner Kumpel Sie niemals als lästig empfindet und Sie dann einfach wie eine Fliege auf der Nase wegscheucht.
Manche Hundehalter erziehen ihre vierbeinigen Schützlinge jedoch ungewollt dazu, dass sie in bestimmten Situationen die Abwehrkarte ausspielen. Hat Ihr Hund etwa Ohrenprobleme, müssen Sie ihn mit Ohrentropfen behandeln. Fast alle Hunde entwickeln an dieser Stelle ein Abwehrverhalten; sie schütteln beispielsweise den Kopf. Viele von ihnen beginnen schon mit dem Kopfschütteln, bevor der Mensch mit den Tropfen überhaupt in die Nähe des Ohres gelangt. Lernt ein Vierbeiner, dass ihm auf diese Weise die Verabreichung der Medizin erspart bleibt, dann wird er davon ausgehen, dass sein Mensch von ihm genau dieses Verhalten erwartet hat. Den wenigsten Hundehaltern ist bewusst, dass es sich hierbei bereits um einen zirkusreifen Trick der Hohen Schule aus dem Bereich der Abwehr handelt.

2 Erhaben und stolz: der Spanische Schritt

Für den Spanischen Schritt wird die Bewegung des Vorderbeines ganz erhaben und raumgreifend nach vorn und höher als üblich gearbeitet, während der Hund sich im normalen Schrittrhythmus bewegt. Das Schöne an dieser Lektion ist, dass der Hund eine unglaublich gute Koordination der vier Gliedmaßen lernt und dass der Applaus der Zuschauer niemals ausbleibt.

Vorsicht: Es gibt jedoch einen Risikofaktor, auf den ich unbedingt hinweisen möchte: Wenn Ihr Hund das Vorderbein so hoch und weit nach vorn schwingt, werden seine Rückenwirbel wie beim Hohlkreuz nach unten gedrückt. Schulen Sie daher den Spanischen Schritt gründlich, aber übertreiben Sie nicht.

Schritt für Schritt: Ihr Schützling sitzt oder liegt ganz entspannt auf dem Boden. Hocken Sie sich möglichst bequem zu ihm, mit der Reitgerte in der Hand. Stellen Sie sich vor, dass ihn die Gerte wie eine Fliege ärgert.

- Nach der üblichen Vorwarnung durch ein freundliches »Na« berühren Sie mit dem spitzen Ende der Reitgerte ganz leicht eine Vorderpfote des Hundes. Finden Sie heraus, wie viel Reiz durch diese fiktive Fliege er braucht, bis er reagiert und die Pfote wegzieht. Dann halten Sie die Gerte sofort still; so erkennt er, dass er durch das Wegziehen die Belästigung abstellen kann – ein durchaus zufriedenstellendes Resultat aus Sicht Ihres vierbeinigen Freundes. Diese Reaktion sollte in der Folge immer exakter und unmittelbarer werden.
- Wenn das klappt, wird nun mit beiden Pfoten geübt. Die »lästige Fliege« wird mit den Signalen »Tip« für links und »Tap« für rechts angekündigt. Ist auch diese Reaktion in jedem Vorderbein abrufbar, erklären Sie Ihrem Hund, wie hoch er die Pfote heben soll und wie weit sein Schritt dann ausfällt. Sie

KONZENTRIERT UND ÄSTHETISCH: DER SPANISCHE SCHRITT

1 Hat der Hund gelernt, gezielt nach der Gerte zu treten, lässt sich eine weite Bewegung herausarbeiten. Mit der Hüftleine gibt der Trainer dem Hund Halt. Die Signale »Tip« und »Tap« in Verbindung mit der Gerte sagen dem Hund, welches Bein er heben soll.

2 Um den Spanischen Schritt in ein gesundes Bewegungsmuster zu integrieren, verwenden Sie einen klaren Rhythmus: Bei 1 geben Sie das Signal für die Pfote, bei 2 und 3 geht der Hund einen Schritt. Dann folgt bei 1 wieder das Signal, diesmal für den anderen Fuß.

überzeugen ihn, dass er die störende Fliege am besten loswird, wenn er mit großem Schwung nach ihr schlägt.

- Hat Ihr Hund den großen Schwung verstanden, sagen Sie das Signal »Steh«, damit er die Bewegung auch aus dem Stand lernt.
- Erst wenn das funktioniert, geht es in die Vorwärtsbewegung: Gehen Sie zu Beginn der Übung rückwärts vor Ihrem Hund her, denn diese Position kennt er bereits im Zusammenhang mit der fiktiven Fliege. Später können Sie auch neben ihm hergehen. Wo Sie sich befinden, hängt ganz davon ab, wie Sie Ihrem Hund am besten helfen können. Manche Vierbeiner tun sich mit der Lösung schwer, wenn zu viele Veränderungen gleichzeitig vorgenommen werden. Es kann also durchaus sein, dass Sie noch eine Zeit lang vor ihm bleiben müssen; Ihr Ziel sollte jedoch eine Position parallel zum Hund sein.
- Als Nächstes soll Ihr Schützling lernen, die erhabene, große Bewegung der Vorderbeine mit einer normalen, gleichmäßigen Bewegung der Hinterbeine zu kombinieren, ohne einfach stehen zu bleiben oder aus dem Gleichklang zu geraten. Verwenden Sie dafür einen klaren Rhythmus, wie er auch beim Schreittanz vorkommt. Zählen Sie also gleichmäßig: »Tip«, zwei, drei, »Tap«, zwei, drei ... Bei »zwei« und »drei« schreiten Sie mit dem Hund im langsamen Tempo weiter, und er setzt in richtiger Folge jeweils die entsprechende Pfote ab. Die Reitgerte zeigt Ihrem vornehmen Vierbeiner, wo in etwa die Fliege sitzt und wohin er mit dem Vorderfuß treten soll; bei »zwei« und »drei« hängt sie neutral und senkrecht herunter und wird erst wieder im nächsten Schritt eingesetzt.

Beim Spanischen Schritt sind Rhythmus und Ruhe gefragt – langsames Arbeiten, Geduld und Präzision garantieren den Erfolg.

3 Hoch hinauf: das Steigen

Das Steigen schult ungemein das Körpergefühl des Hundes, die Kraft des Rückens und der Hinterhand.

Voraussetzung: Der Spanische Schritt muss sitzen. Ist er gut geschult, können Sie die Früchte Ihrer Arbeit jetzt ernten – Ihr Hund wird recht schnell ein Aha-Erlebnis haben.

Schritt für Schritt: Ihr Vierbeiner hat gelernt, eine Pfote zu heben, wenn Sie mit der Reitgerte darauf zeigen. Für diese Lektion benötigen Sie eine zweite Gerte gleicher Art.

- Während Ihr Hund die eine Vorderpfote hebt, zeigen Sie mit der zweiten Gerte auf die andere. Die meisten Hunde schauen ihre Trainer dann an, als wollten sie sagen: »Spinnst du?« Nehmen Sie das mit einem Lachen hin und ermutigen Sie Ihren Hund, die andere Pfote wenigstens ganz kurz zu heben.
- Beide Pfoten sind nun einen kurzen Moment in der Luft, dann landet der Hund wieder auf allen vieren. Das war noch kein perfektes Steigen in Ihrem Sinn, aber die Idee, beide Pfoten zu heben, war grandios! Also: Toll gemacht, schon wird gefeiert und das Ganze schnell wiederholt. Es geht darum, dass Ihr Hund die Koordination beider Pfoten entdeckt und das Vertrauen bekommt, die verlangte Aktion auch zu meistern. Denken Sie momentan nur an die Reaktion der beiden Pfoten, an Ihr Timing und an den Spaß.
- Lassen Sie sich Zeit, bis Sie Ihrem Hund die Frage stellen, ob er tatsächlich mit zwei Pfoten gleichzeitig nach zwei lästigen Fliegen schlagen kann, die nach oben abschwirren; manchmal sind die vierbeinigen Schüler auch erst einige Tage nach Trainingsbeginn so weit. Wenn Ihr Hund diese Leistung schließlich zeigt, sollten Sie begeistert über ihn staunen. Noch ist es gar nicht wichtig, dass er beim Steigen auf der Stelle bleibt.

GEREGELT UND SPORTLICH: DAS STEIGEN

1 Konzentriert gibt die Trainerin ihrem Hund das Signal »Steh«. Die beiden Gerten sollen ihm helfen, die richtige Lösung zu finden.
2 Gezielt wird ein Bein des Hundes mit dem Signal des Spanischen Schritts angesprochen.
3 Mit der zweiten Gerte fordert die Trainerin den Hund auf, auch das zweite Bein zu heben.
4 Erst wenn er sich die Bewegung zutraut, beginnt die Trainerin, die Dauer zu verlängern, in welcher der Hund auf zwei Beinen steht.

◆ Manchmal hopsen die Hunde zunächst ein wenig vom Fleck, weil sie ihr Gleichgewicht noch nicht richtig kontrollieren können. Einige Hunde drängen auch nach hinten und suchen einen möglichen Lösungsweg im Rückwärtsgehen. In diesem Fall beginnen Sie diese Lektion einfach in einer Ecke, die keinen Ausweg nach hinten bietet.

◆ Ist die nach oben gerichtete Bewegung als solche erklärt, dürfen Sie Ihren kleinen Schüler auch mit der Hüftleine und einer zweiten Person etwas stützen, damit er nicht so weit »abdriftet« und Sie die Lektion noch betonter auf der Stelle halten können.

◆ Erst wenn der Hund den Weg nach oben findet, ergänzen Sie das hierfür gewählte Signal, beispielsweise »Und hoch«. Steigt der Hund nicht, dann warnen Sie mit beiden Reitgerten und einem leisen »Na« an und schließen dann das »Und hoch« wieder an.

Variationen: Bei der Gestaltung des »Wie« beeinflussen Sie beispielsweise die Dauer, wie lange Ihr Hund oben bleibt. Jedes Mal, wenn er fragt, ob er mit den Vorderbeinen hinunter darf, sagen Sie »Nein« und »Hoch«; notfalls können Sie zur Unterstützung beide Gerten verwenden. Nutzen Sie stattdessen den kleinen Moment, in dem Ihr Hund nicht fragt, ob er hinunter darf, um ihn unmittelbar wieder auf seine vier Pfoten zu lassen.

ANNE KRÜGER: SO LÄUFT'S LEICHTER

Haben Sie Geduld mit Ihrem vierbeinigen Schüler:

- Geben Sie Ihrem Hund so viel Halt und Hilfe wie möglich. Stützen Sie ihn zum Beispiel durch eine Ecke oder eine zweite Person, die eine Hüftleine führt, damit er schnell die Lösung findet.
- Bedenken Sie, dass Ihr Hund für viele Lektionen die Muskulatur erst noch aufbauen muss. Geben Sie ihm Zeit, bis er eine Lektion perfekt kann.

Wichtig: Diese wunderbare Lektion bringt viel Spaß, sollte aber mit einem gesunden Augenmaß gearbeitet werden. Sie benötigen hierfür ein sicheres Gespür für Ihren Hund und sollten stets aufmerksam darauf achten, wann er genug hat. Dann wird das Steigen in jeder Beziehung ein Erfolg!

4 Gar nicht so schwer: das Häschen

Einem Hund, der das Steigen begriffen hat, fällt das Häschen leicht. Das Steigen wurde bislang aus der stehenden Position gearbeitet. Dabei hat Ihr Vierbeiner gelernt, auf Ihre Bitte hin beide Beine gleichzeitig vom Boden hochzunehmen. Diesmal richten Sie im Grunde genommen die gleiche Bitte an ihn. Allerdings muss er sie in einer anderen Körperhaltung beantworten – im Sitzen.

Voraussetzung: Ihr Vierbeiner muss das Steigen sicher beherrschen.

Schritt für Schritt: Sie nehmen beide Reitgerten zur Hand und setzen den Hund vor sich.

- Touchieren Sie vorsichtig beide Vorderpfoten gleichzeitig – schwups, er steht auf und bietet Ihnen ein Kunststück an, das er bereits kann: das Steigen. Daraufhin sagen Sie »Nein« und das Signal zum Hinsetzen.
- Nun folgt die erste Herausforderung: Wie bringen Sie Ihren Vierbeiner dazu, die Fragestellung »Heben der Pfoten« aus einer anderen Körperhaltung heraus zu beantworten? Ein spannender Prozess: Sie müssen ihm helfen, seine Körperhaltung vorerst von der Bewegung seiner Vorderbeine abzukoppeln. Nehmen Sie sich Zeit und eine Extraportion Geduld, um dies sauber zu erarbeiten. Vergessen Sie nicht, dass Ihr Hund sich sehr bemüht und es mit seinen Angeboten gut meint. Dennoch benötigt er feine, sachliche Kritik, um herauszufinden, welcher Teil seiner angebotenen Lösung fehlerhaft ist. Bestehen Sie im Moment nur auf dem Sitzen und verwenden Sie die bekannten Hilfen. Das Heben der Pfoten spielt noch keine Rolle, ebensowenig wie das Signal der Lektion.
- Sie werden erstaunt sein, wie schnell Ihr Hund das Häschen begreift, wenn er erst einmal zuverlässig in die sitzende Position findet.

Bringen Sie ihn nun – wieder mit den Hilfen – dazu, im Sitzen die Vorderbeine zu heben.

◆ Erst wenn Ihr Schüler die richtige Lösung gefunden hat, fügen Sie das gewählte Signal, etwa »Hasi«, zur Bewegung hinzu. Bald brauchen Sie nicht mehr beide Reitgerten; eine Gerte reicht dann aus, um den eventuell noch nötigen Reiz für die Aktivität zu erzeugen. So haben Sie eine Hand frei für das Sichtzeichen, das die aktivierende Gerte anwarnt.

Wichtig: Auch für diese Lektion braucht Ihr Schützling eine Menge Kraft und muss anatomisch erst die Fähigkeit entwickeln, dieses hohe und bislang unbekannte Maß an Körperspannung aufzubauen und zu halten. Geben Sie ihm daher die benötigte Zeit, um gesund und froh mitarbeiten zu können.

Variationen: Möchten Sie die Zeit verlängern, die Ihr Hund im Häschen ausharrt, dann verfahren Sie wie beim Steigen: Stellt er die Frage, ob er die neue Position wieder verlassen darf, antworten Sie mit »Nein« und aktivieren ihn mit dem Signal »Hasi« zum Weitermachen. Hört er dann auf zu fragen, lassen Sie ihn unverzüglich in die Pause. So lernt er, darauf zu vertrauen, dass Sie niemals mehr von ihm fordern werden, als er zu leisten vermag. Wenn Sie geduldig mit dieser Politik der kleinen Schritte arbeiten und ein Gefühl dafür entwickeln, wie viel Sie Ihrem Schützling zumuten können, werden Sie mit ihm großartige Erfolge haben.

◆ Beherrscht Ihr fleißiger Musterschüler das Signal »Hasi« und hat er die notwendige Muskulatur, dann kann er in dieser Position lernen, zusätzlich eine Pfote zu bewegen – als ob er winken würde. Diese Bewegung entspringt wiederum nur einem winzigen Reiz mit der Reitgerte, die dann nur eine fiktive Minifliege anwarnt, damit der Hund sie mit einer Pfote verjagen kann.

Die Abwehrkarte: Bei der Schulung dieser Tricks erleben Sie sehr schnell, wie viel Freude die Abwehrkarte machen kann. Sie werden erkennen, wie schön es ist, dass Ihr Vierbeiner auch diese Karte in seinem Stapel hat.

Das Häschen ist schnell und leicht erklärt, wenn der Hund das Steigen verstanden hat. Sie brauchen ihm dann nur noch zu vermitteln, dass er sich für die neue Übung hinsetzen soll.

Aus der Arbeit des sozialen Diensthundes

In meiner Tätigkeit als Tiertrainerin habe ich sehr viel mit Hunden zu tun, die zur Unterstützung des Menschen ausgebildet werden. Auch könnte ich ohne die Leistung unserer Vierbeiner den Betrieb dichtmachen. Das Teamgefühl und das Verständnis füreinander, die gemeinsamen Erfolge und die Freude daran waren stets zentrale Pfeiler meiner Arbeit. Ich habe gelernt, meine Hunde als Kollegen zu sehen und nicht als Untergebene, und erlebe immer wieder, wie wunderbar die Beziehung zwischen Zwei- und Vierbeinern wird, wenn alle an einem Strang ziehen. Hunde, die Nützliches beherrschen, haben mich immer besonders interessiert. Dazu gehören auch soziale Diensthunde – sie sind so leicht im Umgang, so wertvoll als Partner und so unbegrenzt einsetzbar!

Verantwortungsvolle Partnerschaft von Mensch und Hund

Verbindlich, unermüdlich, mit Freude bei der Arbeit, vielseitig, kreativ und zufrieden dank seines erfüllten Lebens – alle diese Attribute beschreiben den sozialen Diensthund. Etliche Menschen, die wir in der Tierschule mit ihrem Vierbeiner begleiten durften, haben mir geschildert, wie sehr sich durch die Schulung ihr Verhältnis zu ihrem Hund geändert habe: wie viele Feste sie mit ihm feiern durften, wie stolz sie seitdem auf ihn waren und wie sehr der eigene Hund plötzlich innerhalb der Familie als Bindeglied fungierte.

Ein erfülltes Leben

Ein sozialer Diensthund ist nicht nur ein vierbeiniger Gefährte, der Menschen mit Behinderungen unterstützt. Er kann auch in Familien eingesetzt werden und dort wichtige Aufgaben erfüllen. In diesem Buch sind dennoch etliche Lektionen zur Unterstützung für Menschen mit Behinderungen konzipiert.

Aufgaben sind wichtig

Das unerlässliche Fundament der Schulung zum sozialen Diensthund ist das Apportieren. Nur so kann der Vierbeiner die Wäsche gezielt ins Kinderzimmer bringen, beim Aufräumen im Garten helfen, die Milch zum Tisch tragen oder die Papierzettel in den Mülleimer stecken. Er kann den verlorenen Autoschlüssel suchen und dem Liebsten eine Blume überreichen. Manche meiner Schüler haben ihrem Hund auch die verantwortungsvolle Aufgabe übertragen, der Angebeteten den Verlobungsring zu bringen. So wurden glückliche Ehen gestiftet, die bis heute bestehen.
Ist Ihr kleiner Kumpel zum sozialen Diensthund geschult, kann er Ihnen aus der Jacke helfen, Dinge aus Ihrer Tasche holen und zu jemand anderem bringen, und beim Spaziergang wird er mit Freuden Ihren Regenschirm tragen, solange die Sonne scheint. Nach einer gelungenen Ausbildung ist Ihr Hund stets auf Empfang und lässt sich nur durch Ihren Blick steuern; selbst für Kinder ist das ganz leicht.

> Hunde können das Leben von Erwachsenen und Kindern auf vielfältige Weise bereichern.

Für jeden Hund das Passende

Es gibt unendlich viele Hunde, die sich für diesen Job eignen und fast schon darauf brennen, arbeiten zu dürfen. Unsere Lektionen sind nicht auf bestimmte Rassen oder mittelgroße Hunde beschränkt. Natürlich kommen kleinere Hunde in der Apportierarbeit irgendwann an ihre Grenzen, wenn es darum geht, dass sie schwere Dinge schleppen sollen; dafür punkten diese Hunde bei der Wendigkeit. Bringen Sie Ihrem Schützling Tricks bei, die Sie jederzeit abrufen können, in denen er mit

Menschen interagiert, ohne sie zu bedrängen und ohne dafür mehr als normale Zuwendung zu erwarten. Je stärker ein Vierbeiner gefordert und gebraucht wird, desto erfüllter wird sein Leben sein und desto weniger Ideen wird er entwickeln, die ihn aus der Spur bringen können. Und je mehr der Hund für Sie tut, desto mehr werden Sie ihn würdigen, was wiederum das gegenseitige Vertrauen stärkt. Vor einiger Zeit erreichte mich die SMS einer Schülerin, deren Stolz auf ihren Hund nicht zu verkennen war: »Unser Leopold hat heute in der Eisdiele einem behinderten Kind die runtergefallene Kappe aufgehoben und gebracht! :-))« Leopold war damals ein zweijähriger Dobermann-Rüde, der gerade bei uns ausgebildet wurde. Entspannt und freundlich geht dieser junge Kerl durchs Leben – was für ein Genuss! Die Ausbildung zum sozialen Diensthund erfordert gewiss etwas mehr Fleiß, aber sie führt geradewegs zum Hund.

Das Apportieren – der Grundstein wird gelegt

Das Prinzip der Aktivierung (→ Seite 28) spielt auch in diesem Bereich eine wichtige Rolle und darf nicht unterschätzt werden. Schließlich geht es hier in besonderem Maß darum, dass der Hund versteht, was er tut und was von ihm erwartet wird. Er soll die notwendigen Bewegungen lernen, verbindlich steuerbar und kritikfähig sein und das Erlernte auch unter erschwerten Bedingungen umsetzen können. Zudem stellt das Apportieren die Eingangstür zu allen weiteren Ausbildungsschritten dar.

Das Maul als Werkzeug. Für das Nehmen von Gegenständen, das Ziehen an ihnen, das Suchen verlorener Objekte und das Herbeibringen oder das Hintragen zu anderen Personen benötigt der Hund sein Maul. Daher ist es sehr wichtig, dass er genau weiß, wie dieses

APPORTIEREN HEISST: DAS MAUL EXAKT STEUERN

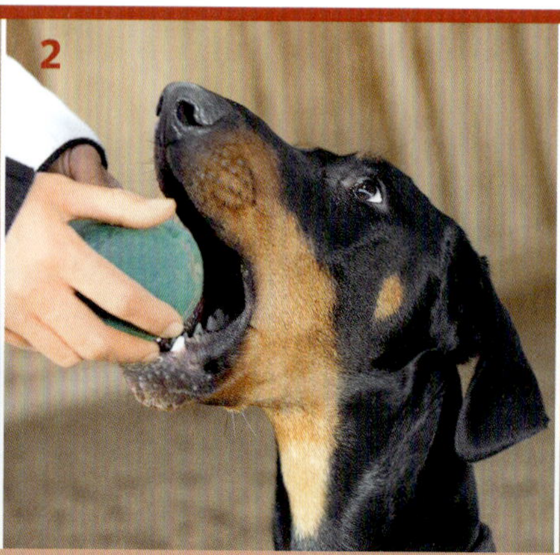

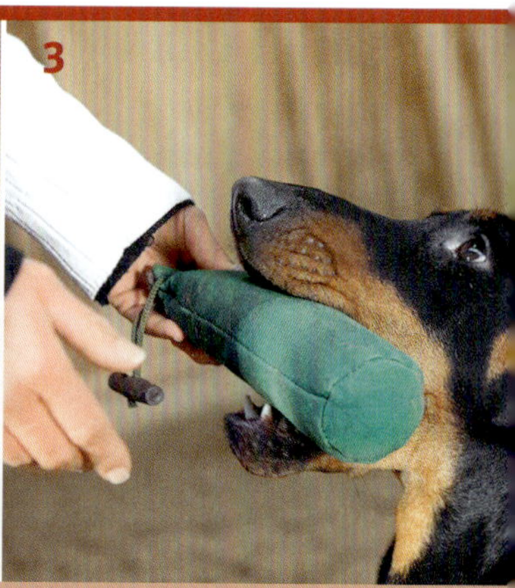

1 Beim Apportieren nimmt der aktivierte Hund den Gegenstand erst, wenn sein Mensch ihn darum bittet.

2 Der Trainer hält den Gegenstand passiv in der Hand und fordert durch das Signal »Nimm« Aktivität vom Hund. Dieser reagiert prompt, öffnet ruhig sein Maul und nimmt behutsam den Gegenstand in Empfang.

3 Ruhig lobend begleitet der Trainer seinen Hund mit dem Signal und lässt den Gegenstand erst los, wenn der Hund ihn sicher hält. Es lohnt sich, hier sehr präzise zu arbeiten.

funktioniert, und es bewusst und zielgerecht einsetzen kann. »Aktivierung« bedeutet in der Schulung des Apportierens auch, dass der Hund Objekte selbstständig aufnimmt und nicht wartet, bis sie ihm gegeben werden. Der Mensch bleibt passiv, der Vierbeiner ist aktiv.

Aus freien Stücken

Egal, ob Sie die Suche oder das fokussierte Apportieren arbeiten – alles basiert auf der Beweglichkeit des Maules und der aktiven Aufnahme des Gegenstandes. Der Hund soll lernen, Dinge aus freien Stücken und in jeder Position behutsam ins Maul zu nehmen und so lange ruhig zu halten, bis er das Signal bekommt, sie vorsichtig wieder herzugeben oder auszuspucken. Er soll weder darauf herumkauen noch sie einfach fallen lassen – egal, ob es sich dabei um Nahrungsmittel, Wertgegenstände oder Gartengeräte handelt. Ein geschulter Diensthund muss bereit sein, jeden für ihn transportablen Gegenstand aufzunehmen und damit sorgsam das zu tun, was der Mensch möchte. Motiviert wird er dabei durch die Arbeit als solche, nicht durch den sonst häufig angebotenen Spielreiz. Ein Mensch mit Behinderung kann im Normalfall seinem Diensthund das benötigte Paar Socken nicht erst siebenmal durch die Gegend werfen, bevor dieser Lust bekommt, es zu holen.

Erfolgreich apportieren

Machen Sie sich bewusst, dass ein Vierbeiner jeden einzelnen Schritt des Apportierens lernen muss. Bis der Ablauf in jeder Situation gut funktioniert, ist oft mehr Zeit notwendig, als man vermuten würde. Auf jeden Fall brauchen Sie viel Geduld. Es gibt Hunde, die das Apportieren im Blut haben – wie die meisten Retriever. Manche anderen Vierbeiner benötigen jedoch ausführlichere Erklärungen. Auch Kritikfähigkeit (→ Seite 62) ist wichtig: Ihr Schützling darf nicht gleich die Flinte ins Korn werfen, nur weil Sie nicht die Puschen, sondern das Telefon wollten und daher die Kritik etwas stärker ausgefallen ist. Wenn er aber das Apportieren als eigene Idee verinnerlicht, wird er hoch motiviert alle erdenklichen Feinheiten lernen. Am meisten Erfolg haben Sie, wenn Sie möglichst kleinschrittig vorgehen (→ Seite 58), nach einem logischen System und mit feinen, gut geschulten Signalen arbeiten. Versteht Ihr Hund, wie er sein Maul am effektivsten einsetzt, dann ist der Rest verblüffend einfach. Genießen Sie diese Arbeit mit Ihrem vierbeinigen Freund!

ANNE KRÜGER: SO LÄUFT'S LEICHTER

Alltagstaugliches Apportieren:

- Integrieren Sie das Apportieren von Anfang an in den Tagesablauf. Je öfter der Hund gezielt angesprochen wird, desto schneller wird er Ihnen zuverlässig die Gegenstände bringen, die Sie gerade brauchen.
- Zum Apportieren eignen sich die unterschiedlichsten Objekte. Je vielfältiger Sie das Training gestalten, desto kreativer und flexibler können Sie Ihren Hund später einsetzen.

Apportieren nach logischen Mustern

Um das Apportieren sauber zu schulen, unterteilen wir es wie gewohnt in viele kleine Häppchen oder Lernschritte. Jedem wird ein eigenes Signal zugeordnet.

Die Apportsignale im Überblick. Die Schulung im Apportieren enthält folgende Lektionen und Signale (in dieser Reihenfolge):

- Das Nehmen: »Nimm« (→ Seite 115)
- Das Bringen in Ihre Richtung: »Holen« (→ Seite 116)
- Das behutsame Hergeben: »Danke« (→ Seite 118)
- Das Ausspucken: »Aus« (→ Seite 119)
- Der Hund geht mit Ihnen und trägt einen Gegenstand: »Transport« (→ Seite 121)
- Er trägt einen Gegenstand zu einer anderen Person, um ihn dort abzugeben: »Bring zu« (→ Seite 122)
- Er geht ohne Ladung zu einer anderen Person: »Geh zu« (→ Seite 123)
- Er zieht an etwas: »Zieh« (→ Seite 124)
- Er sucht den Gegenstand in einer Tasche und holt ihn heraus: »Tasche« (→ Seite 125)

Zuletzt lernt der Hund alle vorher geschulten Tricks nochmals mit einem Gegenstand im Maul. Dafür gibt es keinen Sammelbegriff wie »Apport«; fast jede Bewegung wird einzeln geschult. Dadurch können Sie den Hund sehr kreativ einsetzen, gezielt an Fehlern arbeiten und Schwachpunkte gezielt verbessern.

Spielerisch Apportieren lernen

Hat Ihr Hund einen guten Beutetrieb und zeigt er das auch in seiner Freizeit? Dann können Sie ihm das Konzept spielerisch erklären. In diesem Fall sollten Sie lernen, die Rolle des Unterlegenen zu spielen.

Schritt für Schritt: Sie haben ein kleines Stofftier in der Hand. Ihr Hund ist angeleint.

- Mit dem Stofftier spielen Sie vor der Nase des Hundes herum, bis er Lust hat, danach zu greifen. Und genau das darf er dann auch! Es geht nicht darum, den Hund möglichst lange zu reizen, sondern darum, dass er motiviert ist und Erfolg hat. Dank der Leine können Sie die Tür der Flucht schnell und sanft verschließen, sodass der Kleine mit dem Spielzeug erst einmal in Ihrer Nähe bleibt.
- Jedes Mal, wenn er das Stofftier fallen lässt, beginnen Sie von vorn und hören dann auf, wenn sein Verhalten einen kleinen Fortschritt zeigt. Seinen Impuls, das Spielzeug zu nehmen, begleiten Sie beiläufig mit dem Signal »Nimm«. Das Lob fällt hier aktiv bis aktivierend aus – es soll ja schön lustig zugehen!
- Hält der Hund das Spielzeug gut fest, gehen Sie einen Minischritt rückwärts und sagen den Namen als ziehende Hilfe, um den Hund in Ihre Richtung zu lotsen.
- Nun überzeugen Sie ihn ganz ruhig davon, Ihnen den Gegenstand wiederzugeben. Tut er das nicht, setzen Sie vorsichtig eine kleine Hilfe aus dem schiebenden Bereich ein – nur genau so viel, dass er den Gegenstand freiwillig abgibt, begleitet von Ihrem Signal »Danke«. Nehmen Sie ihm das Spielzeug nicht weg und ziehen sie es nicht aus dem Maul – dies wäre keine Aktivierung. Lassen Sie sich Zeit für das Hergeben. Es spielt noch keine Rolle, wie gut dieser Teil der Übung läuft; das können Sie ihm später genauer erklären. Werden Sie hier zu streng, verunsichern Sie ihn vielleicht beim Nehmen. Entscheidend ist, dass Sie den Hund hier auf Erfolg programmieren und dass er die Einzelschritte versteht.
- Hat er die Signale »Nimm« und »Danke« verinnerlicht, dann variieren Sie die Höhe, in der Sie das Stofftier halten: Halten Sie es mal

höher, mal niedriger. So lernt der Hund, auf allen Ebenen nach Objekten zu schauen.

- Manchen Hunden fällt es schwer, etwas zu nehmen, was nicht von einer Hand gehalten wird. In diesem Fall lösen Sie Ihre Hand ganz langsam vom Stofftier und helfen dem Hund Stück für Stück, diesen Schritt zu bewältigen.
- Hat er schließlich das Spielzeug im Maul, etablieren Sie das nächste Signal. Vorhin holten Sie den Hund mitsamt dem Spielzeug durch die ziehende Hilfe zu sich. Nun sagen Sie zu dieser Bewegung »Holen«, eventuell wieder mit dem Namen. Ihre Körpersprache signalisiert weiterhin die ziehende Richtung. Die Hilfe soll jedoch verblassen: Ihr Körper wird passiver, während der Hund durch das Signal immer aktiver die Lösung findet.
- Immer noch ist der Hund an der Leine, diese liegt aber locker am Boden. Ich sichere den Hund gern etwas länger, um den Erfolg zu garantieren und Irrwege zu vermeiden.

Der Vorteil dieser Form der Apportierschule ist der enorme Spaß, den das Ganze macht. Allerdings baut die spielerische Vermittlung des Konzeptes nur auf Motivation auf und sieht Kritik nicht vor. Das genügt bei manchen Hunden, andere, insbesondere leicht ablenkbare, benötigen die sachliche Schulung.

1 Das Nehmen

Hunde, die weder ein aktives Maul noch Lust zu spielen haben, interessiert das Rumgezappel ihres Menschen mit einem Stofftier nur wenig. Ihnen kann man das Nehmen über einen Reflex erklären.

Schritt für Schritt: Hier bezieht die Ausbildung wieder die Abwehrkarte mit ein. Es gibt einen Abwehrreflex im Vorderfuß des Hundes, den man gezielt aktivieren kann, um das Maul des Hundes in Bewegung zu bringen.

- Dafür stabilisiere ich den Hund über die Hüftleine (→ Seite 73), möglichst durch eine zweite Person. Wir bringen den Vierbeiner in eine bequeme Position und erzeugen eine entspannte Atmosphäre.
- Nun hocke ich mich mit einer dünnen Leine vor ihn und befestige diese an seinem Vorderbein unterhalb des Vorderfußwurzelgelenks (→ Seite 102). Eine Hand bedient die dünne Leine, die andere den Gegenstand.
- Ich sage das Signal »Nimm« und halte ihm den Gegenstand vor die Nase. Nimmt er ihn nicht – was zu vermuten ist –, dann warne ich leise und sanft das Ziehen an der Pfote an: »Nein.« Die Leine wird vorsichtig stramm und hebt das Vorderbein an. In der Regel will der Hund seinen Fuß wiederhaben und entwickelt einen Abwehrreflex, indem er an der Leine knabbert. In diesem Moment schiebe ich den Gegenstand dazwischen, sodass er ihn mit den Zähnen berührt. Schon löst sich die stramme Leine, und er hat seinen Fuß wieder. Es wird gefeiert und gelobt.

Über den Reflex im Vorderbein kann die Trainerin den Hund aktivieren, einen Gegenstand zu nehmen.

- Das Ganze wird so lange wiederholt, bis der kleine Kumpel verstanden hat: Will er sein Bein wiederhaben, muss er nur in den Gegenstand beißen. Mit viel Lob und Anerkennung wird er schnell Spaß daran finden.
- Wichtig sind exaktes Timing und die Wortwahl: »Nimm« – »Nein« – »Nimm« – »Gut so«. Der Hund muss das Objekt noch nicht festhalten, er soll es nur nehmen. Beherrscht er das, erklären Sie ihm das Festhalten. Schafft er auch das, variieren Sie die Höhe, in der Sie den Gegenstand halten. Wenn er das ebenfalls meistert, arbeiten Sie ohne Assistenten und im nächsten Schritt ohne Fußleine.
- Nun können Sie Ihren Schüler fragen, ob er frei einen Gegenstand aufnehmen kann. Tut er das nicht, sagen Sie »Nein« und fassen an seine Pfote. So erinnert er sich an den Reflex, findet die Lösung und versteht den Vorgang. Zeit, Geduld und ein guter Überblick sind hier wichtig.

Eine ruhige und konzentrierte Atmosphäre begünstigt die Schulung des Apportierens.

- Erst jetzt beginnen Sie, ihm die Bewegung zu Ihnen und anschließend das geregelte Hergeben des Gegenstandes zu erklären.

Motivieren: Optimal ist eine Kombination aus diesem und dem spielerischen Weg (→ Seite 114), die den Hund absichert und voll motiviert. So wird das Apportieren nicht nur zu seiner eigenen Idee, sondern auch zu seiner Leidenschaft. Wir haben etliche Hunde, die totale Spielverderber waren, auf diese Weise sogar zu echtem Spielverhalten gebracht, und viele Teams haben durch den abgesicherten Weg einfach mehr Möglichkeiten. Andererseits arbeiten Hunde, die diesen etwas längeren Weg zum Apportieren genommen haben, meist verbindlicher, denn sie sind kritikfähig und nicht »nur« motivierbar.

2 Das Holen

Die Kunst der Schulung besteht darin, immer im sicheren Bereich des Hundes zu arbeiten. Das heißt, vom Hund wird nur das erwartet, was er innerhalb der Grenzen seiner Fähigkeiten auch leisten kann. Das Holen ist beispielhaft dafür.

Schritt für Schritt: Bisher hat der Hund gelernt, einen Gegenstand zu nehmen und ihn nicht gleich wieder fallen zu lassen. Nun soll er ihn einen Schritt weit herholen.

- Hat er den Gegenstand aufgenommen, gibt ihm Ihre Körpersprache die Signale, die er von der ziehenden Hilfe kennt. Hier wird bewusst nicht das Signal für das Herkommen verwendet – damit haben viele Hunde nur das Kommen abgespeichert und spucken den Gegenstand umgehend aus.
- An die Hilfe hängen Sie nun beiläufig das Signal »Holen« und loben den Hund aktiv – jedoch nicht aktivierend, auch dies kann das ruhige Halten des Gegenstandes gefährden.

GEZIELT GESCHULT, GUT VERSTANDEN: DAS APPORTIEREN

1 Zielsicher und hoch motiviert nimmt diese Hündin den Ring entgegen, bleibt aber dennoch stets konzentriert und kontrolliert.
2 Die Trainerin bewegt sich einen Schritt zurück, den Hund eher passiv lobend.
3 Mit der ziehenden Hilfe und dem Signal »Holen« bittet sie ihren Hund, näherzukommen und somit den Gegenstand zu bringen.
4 Der Hund, weiterhin ruhig gelobt, übergibt geregelt den Ring. Jetzt kann gefeiert werden!

Tipps: Es ist wichtig, dass der Hund sein Ziel erfüllen kann. Gestalten Sie daher die Ziele entsprechend. Laufen Sie nicht etwa rückwärts und »ziehen« den Hund, ohne dass er Sie erreichen kann. Wenn er das Holen über einen Schritt gut und konzentriert schafft, können Sie nächstes Mal eineinhalb Schritte versuchen, damit er auch ans Ziel kommt. Arbeiten Sie ruhig, mit deutlicher Entspannung, langsamen Bewegungen, viel Konzentration und reichlich Gespür. Der Vierbeiner, der im Holen verunsichert wird, neigt dazu, die Gegenstände fallen zu lassen, auf ihnen zu kauen oder vom Weg abzukommen. Ersparen Sie Ihrem vierbeinigen Freund die Kritik, die dann nötig würde: Lassen Sie es gar nicht erst so weit kommen.
Wenn Sie spüren, dass Ihr Schüler ermüdet, dass er zwar zwei Meter sicher bewältigt, aber noch keine drei, oder dass seine Leistung an

anderer Stelle nachlässt, sollten Sie rasch aus der Übung aussteigen und ihm eine Pause gönnen. Beenden Sie eine Lektion niemals mit einem Misserfolg, sondern feiern Sie im Rahmen der Möglichkeiten lieber die Feste.

3 Danke

Dieses kurze Wort ist nicht nur ein Signal, sondern vielmehr eine Einstellung. Ihr Hund arbeitet eifrig und unermüdlich für Sie, er setzt sich für Ihre Wünsche ein und bringt Ihnen Gegenstände, die Sie haben möchten – dies ist eine gute Gelegenheit, um einmal »Danke« zu ihm zu sagen. Ich finde, dieses Wort ist bestens geeignet, um den Prozess des geregelten und vorsichtigen Hergebens eines Bringsels zu bezeichnen. Denn es transportiert unsere Wertschätzung für den vierbeinigen Freund und erfüllt den Anspruch, mit höflichen Signalen zu arbeiten. Bei der Schulung dieser Lektion wird unser Prinzip der Aktivierung wieder einmal besonders deutlich.

Schritt für Schritt: Der Hund sitzt ruhend vor Ihnen und hält den Gegenstand im Maul.

- Sie streichen ihn nun ruhig und lobend ab, sprechen mit ihm und berühren auch den Gegenstand. Der Hund soll verstehen, dass er den Gegenstand so lange festhalten soll, bis Sie ihn bitten, diesen loszulassen und sich davon zu entfernen. Bei einem gut geschulten Hund sieht das so einfach und natürlich aus. Dieser wertvolle Moment ist aber nicht selbstverständlich. Manche Hunde schleudern ihrem Menschen den Gegenstand einfach entgegen, andere fassen noch einmal nach, und einige Vierbeiner lassen los, sobald sich eine Hand dem Gegenstand nähert.
- Das Ziel ist es, dass der Hund an Ort und Stelle bleibt und den Gegenstand so lange ruhig festhält, bis Sie bereit sind, diesen zu

DANKE VIELMALS: DAS GEREGELTE ABGEBEN

1 In einer ruhigen, entspannten Atmosphäre berührt der Trainer Hund und Gegenstand gleichzeitig. Ein einfaches aktives Lob begleitet die starke Konzentration des Hundes.
2 Erst wenn der Trainer bereit ist, den Gegenstand zu übernehmen, den sein Vierbeiner ihm gebracht hat, äußert er sehr freundlich und höflich das Signal »Danke«.
3 Der Hund gibt den Gegenstand behutsam in die Hände des Menschen und sorgt von sich aus für die notwendige Distanz. So macht die Zusammenarbeit wirklich Freude!

übernehmen; das können Sie ihm allerdings nur mit der notwendigen Ruhe erklären.

- In dem Moment, in dem der Hund den Gegenstand loslässt, halten Sie diesen einfach fest, ohne ihn jedoch in Ihre Richtung zu bewegen. Die Aktivität kommt also vom Hund: Er öffnet sein Maul und entfernt sich anschließend vom Gegenstand.
- Die Sprachfolge lautet: »Danke« – »Nein« (als Hilfe aus dem schiebenden Bereich leicht knurrend ausgesprochen) – »Danke« (wieder weich und entspannt ausgesprochen). Mit der leicht schiebenden Hilfe dazwischen findet der Hund einfacher heraus, dass die Lösung vom Menschen entfernt liegt.
- Die gesamte Lektion wird mit einem eher sachlichen, aktiven Lob oder auch mit einem entspannenden, passiven Lob gearbeitet. Wenn Sie hingegen zu aktiv loben, kann das Ihren Schüler zu sehr aufregen und dann die notwendige Ruhe stören!

4 Das Ausspucken

Er hebt ein Stück Papier auf, bringt es zum Papierkorb und wirft es hinein. Nein, nicht Ihr Mann – Ihr Hund! Ihm kann man das ebenfalls recht leicht erklären, und zwar mit dieser Lektion. Das Ausspucken ist auch in anderen Kontexten oft überaus nützlich: Nimmt Ihr Hund zum Beispiel irgendetwas auf, was er gar nicht im Maul haben sollte, oder wählt er beim Fokussieren (→ ab Seite 128) den verkehrten Gegenstand, müssen Sie ihm sagen können, dass er unmittelbar wieder loslassen soll. Und dies entspricht eben nicht dem ruhigen, auf Ihre Hände bezogenen »Danke«, sondern es ist ein sofortiges, fast reflexartiges Loslassen.

Voraussetzungen: Das Nehmen muss zu diesem Zeitpunkt bereits absolut sicher und fertig gearbeitet sein, und auch zum Danke sollte Ihr vierbeiniger Schüler keine Fragen mehr haben.

PROMPT UND UNMITTELBAR: DAS AUSSPUCKEN

1 Das Nehmen und das Danke müssen als Lektionen fertig geschult sein und vom Hund beherrscht werden. Die Differenzierung zum Ausspucken ist nun ein sinnvoller Lernschritt: Aus dem ruhigen Halten soll der Hund fast reflexartig den Gegenstand fallen lassen.

2 Das Signal »Aus« wird ebenso leise und freundlich gesprochen. Es ist empfehlenswert, den Vierbeiner denselben Gegenstand sofort wieder aufheben zu lassen. Viel Lob und eine fröhliche Arbeitsatmosphäre wirken sich sehr vorteilhaft auf das Lerntempo aus.

Schritt für Schritt: Leinen Sie Ihren Hund an.

- Hat er einen Gegenstand im Maul und soll ihn unvermittelt loslassen, geben Sie ihm das Signal »Aus«, selbst wenn er damit noch gar nichts anfangen kann. Halten Sie die Leine nun mit einer sanften Spannung und schaffen Sie dadurch eine Anlehnung zum Hundehals.
- Sagen Sie dann leise »Nein« mit schiebender Wirkung, denn auf diese Frage hat Ihr kleiner Freund ja eine Lösung abgespeichert: mehr Abstand halten und Höflichkeitssignale senden. Das beherrscht er schon gut ohne Gegenstand im Maul und wird es auch jetzt anbieten. Schwups, der Gegenstand fällt herunter – Sie wiederholen das Signal »Aus«.
- Hier folgt nun ein aktives, möglicherweise sogar ein aktivierendes Lob, und der Vorgang wird wiederholt.
- Wenn Ihr Hund die Lösung schon recht zuverlässig anbietet, können Sie die Leine entfernen. Denn er sucht die Lösung nun ja nicht mehr in einem größeren Abstand, sondern im Öffnen des Maules.

Das Apportieren bereichert auf unvergleichliche Weise die Beziehung des Hundes zum Menschen.

- Auch die begleitende schiebende Wirkung von »Nein« kann später entfallen, denn der Hund weist ihm in seinem »Ja«-»Nein«-System die Bedeutung »unerwünscht« zu.

Variationen: Variieren Sie immer wieder einmal zwischen dem Holen in Verbindung mit »Danke« und »Aus«. Lassen Sie den Hund den ausgespuckten Gegenstand auch direkt wieder aufnehmen, bringen und ruhig abgeben. So lernt er das als weitere Möglichkeit in seinem Repertoire und nicht als übermäßige Kritik. Möchten Sie eine Stufe weitergehen und Ihren Hund darin schulen, Gegenstände in einen Behälter zu werfen, dann bedienen Sie sich eines großen Korbes oder eines Eimers. Lassen Sie den Hund einen Gegenstand mit »Nimm« und »Holen« bringen und halten Sie die große Öffnung unter seinen Kopf. Nun sagen Sie beispielsweise »Eimer aus«, und der Gegenstand fällt in den Eimer. Gern dürfen Sie den Hund aktivierend loben, um direkt wieder mit derselben Lektion zu beginnen. Nun werden Sie mit dem Eimer immer passive: Er steht einfach unter dem Kopf des Hundes auf dem Boden, und Sie bewegen ihn nicht mehr. Deuten Sie mit Ihrer Hand und Ihrer gesamten Körperachse auf den Eimer und begleiten Sie den Hund dorthin. Hat er die richtige Position, sagen Sie wieder »Eimer aus«. Bald schon wird Ihr kleiner Freund diesen Weg selbstständig finden, wenn es sich um immer denselben Eimer an demselben Ort handelt. Wenn Ihr Hund das leisten kann, erweitern Sie seinen Horizont und erklären ihm auch die anderen Möglichkeiten, etwa die Öffnung der Waschmaschine, den Einkaufskorb, den Laubkorb und so weiter. Das Signal »Eimer aus« bleibt als Sammelbegriff immer gleich, auch wenn es sich um andere Öffnungen handelt, denn Sie helfen dem Hund über Ihre Körpersprache zur Lösung.

5 Der Transport

Dies mag die leichteste und natürlichste Lektion des Apportierens sein, und man kann sie ganz still und nebenbei schulen. Dennoch ist sie wichtig und sollte nicht übersehen werden. Der Transport bedeutet, dass der Vierbeiner den ihm anvertrauten Gegenstand ruhig und sicher auch über weite Distanzen trägt.

Schritt für Schritt: Geben Sie dem Hund beiläufig mit dem Signal »Nimm« einen Gegenstand und sagen anstelle des bislang gewohnten »Holen« das neue Signal »Transport«.

- Wenden Sie Ihre Körperachse in die Richtung, in die Sie gehen möchten. Falls nötig, fügen Sie noch das Signal hinzu, das Sie normalerweise verwenden, wenn der Hund Sie begleiten soll, zum Beispiel »Weiter«.
- Nun kann es sein, dass der Hund nach ein paar Metern den Gegenstand fallen lässt. Bitten Sie ihn dann mit »Nimm«, diesen wieder aufzunehmen, und beginnen erneut mit dem kleinen Wegstück »Transport«. Nun aber drehen Sie nach ein paar Schritten wieder Ihre Achse zum Hund und sagen »Holen« und »Danke«, und schon können Sie die Lektion wieder neu starten. Es wird nicht lange dauern, bis Ihr Hund versteht, was Sie meinen, und mit vollem Eifer beginnt, auf Ihren Spaziergängen Dinge umherzutragen.

Kleine Schritte: Bleiben Sie bei diesem Training immer im Rahmen der Möglichkeiten Ihres Hundes: Lassen Sie ihn zunächst nur leichte und ihm vertraute Gegenstände transportieren, achten Sie auf kurze Distanzen und feiern Sie viele Feste mit ihm. Erweitern Sie die Anforderungen an seine Konzentration und Kondition, insbesondere die seines Maules, sehr langsam. Lassen Sie Wegstrecken mit vielen Ablenkungen oder uneinsichtigen, nicht planbaren Störfaktoren zunächst noch

Der Transport macht Spaß und festigt ganz nebenbei die Zuverlässigkeit des Apportierens.

aus. Erst wenn Sie feststellen, dass Ihr Hund mit Begeisterung Dinge auch einmal in eine andere Etage mitnimmt, sie sogar an spielenden Kindern vorbei- oder ein Stück an einer Straße entlangtransportiert, können Sie die Lektion mit mehr Außenreizen versehen.

Zuverlässigkeit: Am Ende soll er Objekte transportieren, ohne dass diese in den Dreck fallen, nur weil ein anderer Hund die Straßenseite wechselt. Um das zu erreichen, schulen Sie seine Verbindlichkeit und Kondition sowie seine Achtsamkeit und Kontrollierbarkeit.

Dialog: Die Transportlektion geht schnell, ist unterhaltsam und hat den Nebeneffekt, dass Ihr Hund auf Spaziergängen mit immer mehr Aufgaben vertraut gemacht werden kann. Sie können immer und überall kleine Jobs für ihn entwickeln, durch die er sich nicht nur nützlich machen kann, sondern die auch einen kleinen Dialog ermöglichen. Es gibt nichts Schöneres als ein erfülltes Leben.

6 Bring zu

Ziel dieser Lektion ist es, dass Ihr Hund einen Gegenstand aufnimmt, ruhig und sicher zu der Person geht, auf die Sie deuten, sich vor sie hinsetzt und ihr den Gegenstand in Ruhe anbietet. Beim Bring zu erlernt der Hund nicht die Namen der einzelnen Personen, sondern Sie arbeiten ganz klar über Ihre Körpersprache und das Sichtzeichen der deutenden Hand.

ANNE KRÜGER: SO LÄUFT'S LEICHTER

Mit der Politik der kleinen Schritte können Sie punkten:

- Das Bring zu sollte im absoluten Wohlfühlmodus stattfinden: Arbeiten Sie anfangs nur mit Gegenständen, deren Handhabe dem Hund leichtfällt, an Orten der Entspannung und mit gelassenen Hilfspersonen, die dem Hund sehr gut vertraut sind.
- Helfen Sie dem Schüler immer über die Sicherung der Leine und mit sehr eindeutiger Körpersprache.

Voraussetzungen: Das sichere Sitz-Signal, das Nehmen, das Holen und der Transport sowie das ruhige Hergeben müssen als Basislektionen abgeschlossen sein.

Schritt für Schritt: Beginnen Sie mit einer dem Vierbeiner vertrauten Person und ohne weitere Ablenkung in einer entspannten Atmosphäre. Der Hund sollte sich an einer etwa zwei bis drei Meter langen Leine befinden, die von der Hilfsperson gehalten wird. Die Aufgabe dieser Person besteht ausschließlich darin, mit der Führung der Leine dem Hund andere Möglichkeiten zu verschließen. Außerdem unterstützt sie ihn in der Übung, indem sie ihn mit der ziehenden Hilfe, seinem Namen, zu sich lotst. Die Steuerung über die Signale geht aber komplett von Ihnen aus.

- Sie geben Ihrem Hund einen Gegenstand, dann wenden Sie sich der Hilfsperson zu und deuten mit ausgestrecktem Arm auf sie. Nun sagen Sie »Bring zu«. Sagen Sie nicht den Namen des Hundes, das würde die Richtung der Lösung verwirren. Den Namen sagt nun die Hilfsperson, und Sie wiederholen aufmunternd das Signal »Bring zu«.
- Nun begleiten Sie langsam den Vierbeiner. Wenn er die Zielperson erreicht, loben Sie ihn aktiv, aber ruhig und fordern ihn auf, sich hinzusetzen. Meist setzen sich die Hunde so, dass sie Ihrem Menschen und nicht der Hilfsperson zugewandt sind. Das ist gar nicht schlimm; der kleine Kollege wird sich später von allein drehen. Das Sitzen soll hier vor allem Ruhe in den ganzen Ablauf bringen.
- Die Hilfsperson streicht den Hund ab und sagt dann irgendwann »Danke«, wenn sie bereit ist, den Gegenstand zu übernehmen. Nun kann das Lob etwas intensiver ausfallen. Und Sie beginnen wieder von vorn.

Tipps: Die Hilfsperson soll sich zunehmend passiv und ruhig verhalten und ganz behutsam mit der Leine umgehen. Vor allem soll sie den Hund nicht an der Leine zu sich ziehen. Das wäre der Einsatz von Kraft, und der soll ja ausgeschlossen werden. Denken Sie an das Kind mit dem Kugelschreiber (→ Seite 12). Der geschickte Umgang mit der Leine bezieht sich tatsächlich nur auf ein Begleiten des

Hundes, sodass er etwas Führung hat und nicht zu sehr vom Weg abkommt.
Sie wollen Ihrem Kumpel unbedingt den Erfolg garantieren. Dazu gehört, dass die Distanz zwischen Ihnen und der Hilfsperson nicht mehr als eineinhalb bis zwei Meter betragen sollte. Später können Sie den Hund auch über weite Strecken dirigieren, doch das muss in kleinen Schritten aufgebaut werden. Wenn Ihr Hund die Basis dieser Lektion verinnerlicht hat, können Sie die Variablen Distanz, Örtlichkeit und Maß der Ablenkung steigern. Wie bisher verändern Sie aber bitte immer nur eine Variable. Erst wenn der Hund unbefangen und zielstrebig zur Hilfsperson läuft, nehmen Sie Ihre Hilfe durch das Mitgehen allmählich zurück. Aktivieren Sie Ihren Hund, die Wegstrecke selbst zu bewältigen, und werden Sie immer passiver.
Variation »Geh zu«: Schon bald werden Sie feststellen, dass sich der Hund beim Hinsetzen nicht mehr zu Ihnen, sondern zur Hilfsperson dreht. In diesem Kontext können Sie Ihrem Vierbeiner direkt auch das Signal »Geh zu« erklären. Dieses fordert ihn auf, sich ohne Fracht auf den Weg zu einer anderen Person zu machen. Ihre visuellen Hilfen sind dieselben: zugewandte Achse und weisende Hand. Später wollen Sie Ihren Hund eventuell zu einer anderen Person schicken, damit er dort etwas aus einer Tasche holt und es zu einer dritten Person bringt. Das in diesem Werdegang zu verknüpfen, ist äußerst effektiv. So können Sie den Hund wieder zurückholen, nachdem er den Gegenstand abgeliefert hat, etwas mit ihm toben und ihn dann zur Hilfsperson schicken, um den Gegenstand wieder in Empfang zu nehmen.
Wird ruhig gearbeitet und der Ablauf mit Fragestellungen versehen, die der Hund gewiss beantworten kann, dann ist diese Lektion sehr leicht, sehr interaktiv und schnell erklärt.

ECHT INTERAKTIV: DAS BRING ZU

1 Die Trainerin übergibt dem Hund den Gegenstand. Eine dem Hund vertraute Hilfsperson führt entspannt die Leine und lotst ihn mit der ziehenden Hilfe in ihre Richtung.
2 Mit einem weisenden Handzeichen, dem Signal »Bring zu« und eindeutiger Körpersprache bringt sie den Schüler zur Lösung. Ruhiges aktives Lob begleitet den Hund.
3 Die Hilfsperson lässt sich Zeit bei der Übernahme des Objektes und unterstützt den Hund mit einem warmen Empfang. Distanz und andere Details werden später geschult.

7 Das Ziehen

Spielerisch, sehr leicht und fröhlich gestaltet sich die Lektion des Ziehens. Es besitzt eine Schlüsselfunktion für alles Weitere, was mit der Zugkraft des Hundes zu tun hat. Manche Hunde ziehen sehr schnell und kraftvoll an Gegenständen, andere lassen sofort nach, wenn sich Widerstand bietet. In der Schule des sozialen Diensthundes werden vierbeinige Kollegen benötigt, die Kleidungsstücke ausziehen können, Türen oder Schubladen öffnen und auch schwere Dinge an eine andere Stelle bugsieren können. Damit die Hunde diesen Vorgang verstehen und eine verbesserte, sichere und stabile Maulaktivität entwickeln, wird ihnen das Ziehen als eigene Lektion erklärt. Und das geht auf spielerische Weise. Die Idee des unterlegenen Spiels ist hier tragend; Sie sollten immer darauf bedacht sein, dass Ihr Hund unmittelbar den Erfolg verspürt.

Der Hund versteht das Ziehen schnell und leicht, wenn der Mensch den Unterlegenen spielt.

Schritt für Schritt: Sie nehmen einen möglichst weichen Gegenstand, wie einen Gartenhandschuh oder einen aussortierten Socken, und bitten Ihren Hund mit »Nimm«, diesen ins Maul zu nehmen.

- Nun bieten Sie ihm so viel Zug, wie er zulässt, und sagen dazu das Wort »Zieh«. Hält Ihr Hund nur ein ganz klein bisschen dagegen, lassen Sie los und freuen sich mit Ihrem vierbeinigen Partner über diesen Etappensieg.
- Wiederholen Sie das so oft, bis Sie eine Steigerung der Zugkraft verspüren, und lassen Sie kein Lob aus. Schnell wird Ihr Freund beim Signal »Zieh« auf diese Idee zurückgreifen, und Sie können sie auf andere Gegenstände und andere Situationen übertragen.

Ziehstärke: Wichtig ist, dass der Hund nicht wild an den Gegenständen zerrt und reißt, sondern dass er lernt, seine Zugkraft gut einzuschätzen und angemessen zu verteilen. Unser Labrador zieht die Kinder mit dem Bollerwagen über die Wiese, er kann aber ebenso vorsichtig und dabei immer geregelt einen Gegenstand aus der Tasche ziehen. Zu entscheiden, wie viel Kraft er braucht, ist Sache des Hundes – und das lernt er.
In dem Moment, in dem der Widerstand nachlässt, soll auch die Aktivität des Ziehens zum Erliegen kommen. Allein dadurch, dass Sie jetzt die Lektion einfach beenden, versteht der Hund, dass er nichts mehr zu tun braucht, um zum Erfolg zu kommen. Lassen Sie also das Training nicht in wilde Zerrspiele ausarten – das wäre für die geregelte Zugkraft im Hundemaul kontraproduktiv.

Tipp: Ich benutze als Zughilfe gern einen Schlüsselanhänger aus Stoff. Meist sind das kleine Stofftiere und -figuren, die man auch an Jackenreißverschlüssen, Türen oder Schubladen befestigen kann, die gut in Taschen passen und flexibel einsetzbar sind.

8 Die Tasche

In der Tierschule bezeichnen wir diese Lektion scherzhaft als die professionelle Ausbildung zum Taschendieb. Sie lässt sich schon sehr schnell als kleine Choreografie arbeiten und ist für alle Beteiligten bereits nach kurzer Zeit sehr amüsant. Bei diesem Trick taucht der Vierbeiner mit seiner Nase oder sogar dem ganzen Kopf in eine Jacken- oder Tragetasche hinein, um einen dort befindlichen Gegenstand aufzunehmen und herauszuziehen. Im Alltag kann er also beispielsweise das Portemonnaie seines Menschen aus der Einkaufstasche holen und zum Verkäufer bringen oder aus der Jackentasche ein Päckchen Taschentücher ziehen und zu einem Kind bringen.
Ich mache immer wieder die Erfahrung, dass diese Lektion auf die Hunde wie eine Horizonterweiterung wirkt. Die Vierbeiner werden dadurch flexibler in dem, was sie anbieten, und scheinen plötzlich über ein weitaus größeres Repertoire zu verfügen. Zudem ist die Tasche so leicht zu vermitteln!
Schritt für Schritt: Beginnen Sie mit einem alten Handschuh (oder etwas Ähnlichem). Diesen stecken Sie lose in Ihre Jackentasche, sodass er weit heraushängt. Bei großen Hunden können Sie stehen bleiben, bei kleineren begeben Sie sich bitte in die Hocke.

- Nun deuten Sie mit dem Finger auf den Gegenstand und sagen das Signal »Nimm«. Dann folgt »Zieh«. Macht er das, wird mit viel Lob ein Fest gefeiert.
- Wenn die Übung leicht und gut läuft, verschwindet der Handschuh zentimeterweise immer tiefer in der Tasche, und Sie wiederholen voller Freude diesen Schritt.
- Erst wenn der Hund beginnt, gezielt auf den Gegenstand in Ihrer Tasche loszugehen und diesen zu nehmen, sagen Sie vorher die Signale »Tasche« – »Nimm« – »Zieh«. So

ECHTE TASCHENSPIELERTRICKS!

1 Mit dem Signal »Geh zu« wird der Hund zur Zielperson geschickt. Die weisende Körperhaltung unterstützt den Weg.
2 Mit dem Signal »Tasche« findet der Hund schnell die Lösung und konzentriert sich auf den leicht sichtbaren Gegenstand. Nun folgt der Auftrag »Nimm« und »Zieh«. Leises aktives Lob unterstützt die Leistung des Hundes.
3 Bevor gefeiert wird, erhält der Hund noch die Information »Holen«. Auch dies wird bis zum Schluss mit viel Präzision gearbeitet – aber dann kommt ein aktivierendes Lob!

verknüpft Ihr Hund mit dem Signal »Tasche« den Ort und den Tatbestand, dass er mit der Nase in die Tasche eintauchen soll.

- Tauschen Sie wie gewohnt immer nur eine Variable aus, bis der Hund auch die neue Version beherrscht: Verwenden Sie als Nächstes eine andere Tasche. Wechseln Sie dann die Körperhaltung von hockend zu stehend, ändern Sie den Ort des Geschehens oder lassen Sie mehr Ablenkung mit einfließen.

Erfolgsgarantie: Sie sollten immer und jederzeit bereit sein, Ihrem Vierbeiner zu helfen, wenn er in einer neuen Situation die Lösung nicht gleich findet. Wenn Sie etwa eine größere Trage- oder Handtasche verwenden, dann garantieren Sie Ihrem Hund zu Beginn, dass er den Gegenstand auch finden wird. Geben Sie also nur einen Gegenstand hinein und achten Sie auf eine ausreichend große Öffnung, damit er bequem den Kopf hineinstecken kann. Viel Spaß bei der Arbeit!

9 Kreativ in Haus und Garten: Arbeiten aller Gegenstände

Wollen Sie Ihren Hund ernsthaft schulen, sodass er flexibel, kreativ und universell einsetzbar ist, dann sollten Sie im Bereich des Apportierens alle Grenzen fallen lassen. Ob Gartenschlauch, Gießkanne oder Taschenrechner, Rührlöffel, Kochhandschuh oder Gummistiefel – Einschränkungen existieren nur dort, wo die Gesundheit Ihres Hundes gefährdet wird oder ein Gegenstand wegen seines Gewichts nicht bewältigt werden kann. Erweitern Sie von Anfang an den Horizont Ihres Hundes und bieten Sie ihm im Apportiertraining einfach alles an.

Schritt für Schritt: Wir beginnen immer mit weichen Gegenständen, wechseln dann auf Holz oder Leder, danach auf Plastik, und zum Schluss sollte sogar Porzellan oder Metall kein Problem mehr darstellen – das Spektrum reicht vom rohen Ei bis zum Gartenspaten.

»GEHT NICHT« GIBT'S NICHT: DAS APPORTIEREN ALLER GEGENSTÄNDE

1

2

3

1 Leinen, Schnüre, Stricke, ob aus Leder, Stoff oder Nylon: Der Transport ist für die Hunde mit Leichtigkeit zu bewerkstelligen.
2 Schwieriger sind dagegen Objekte aus Metall. Es dauert einige Zeit, bis Hunde diese zuverlässig nehmen. Mit einem Futternapf aus Plastik lässt sich aber das Aufnehmen von Näpfen aus Edelstahl gut vorbereiten.
3 Ein Hund, der Gummibärchen in einem Körbchen anbietet, wirkt schnell interaktiv. Geben Sie Ihrem Hund so ein Körbchen; damit lassen sich originelle Lektionen kreieren.

- Jeder neue Gegenstand kann Fragen aufwerfen, schulen Sie ihn daher in einer isolierten Situation und ganz systematisch. Stellen Sie eine Vielzahl an Gegenständen aus Ihrem Haus zusammen, die für Ihren Hund infrage kommen. Jeder einzelne dieser Gegenstände wird dann gezielt geschult, damit sich der Hund später flexibel zeigt.
- Behälter mit Flüssigkeiten haben eine eigene Dynamik und irritieren manchmal die Hunde, ebenso Handys mit Vibration oder Gegenstände mit Eigengeräuschen. Gegenstände, die erhöht platziert sind und möglicherweise herunterfallen, können den Hund ins Stocken bringen.
- Senkrecht stehende Dinge entwickeln Schwung auf dem Weg in die Waagerechte. Der an die Wand gelehnte Regenschirm beispielsweise kann beim Aufnehmen ins Hundemaul für große Verwirrung sorgen. Den Weg aus der Senkrechten in die Waagerechte kann man leicht über das Arbeiten mit der Reitgerte als Apportierobjekt erklären. Sie ist flexibel und leicht und hat nicht so viel Eigendynamik, um den Hund beim Drehen seines Kopfes zu irritieren. Erst wenn ihm diese Bewegung mit der Gerte leichtfällt, dürfen Sie einen langen, senkrecht stehenden Gegenstand verwenden, der schwerer ist.
- Alle diese Dinge kann ein Hund erlernen – man muss sie ihm nur in kleinen Schritten erklären und ihn mit allem vertraut machen, was möglich ist. Entwickeln Sie ein Gespür dafür, wie weit Ihr Hund belastbar ist, und halten Sie sich an diese Grenzen. So überfordern Sie ihn nicht, und seine Freude an der Arbeit bleibt erhalten. Die entstehende Routine erweitert die Belastbarkeit ganz von allein. Ihrer Kreativität sind hier keine Grenzen gesetzt. Sie schulen Ihren Hund ja für das echte Leben – also konfrontieren Sie ihn einfach auch damit.

4 Geschickt mit dem Maul umgehen, etwa eine Bürste passend drehen, sodass sie sich am Griff fassen lässt, das ist das Resultat einer guten Schulung.

5 Das Aufnehmen von Behältern mit Flüssigkeit sollte dem Hund in Ruhe erklärt werden. Flüssiges entwickelt eine Eigendynamik, und das kann den Hund irritieren.

6 Handschuhe und Socken, Hausschuhe und Mützen eignen sich gut als Einstieg: Sie sind klein, leicht, haben den Geruch des Menschen und bestehen aus angenehmem Material.

Fokussieren: die Kraft von Augen, Spannung, Sprache

Kommt Ihnen das bekannt vor? Sie sitzen gemütlich vor dem Fernseher und möchten umschalten. Doch die Fernbedienung liegt auf dem Tisch, und Sie haben keine Lust aufzustehen. Stellen Sie sich vor, Sie bräuchten nun nur die Fernbedienung zu fixieren und Ihrem Hund ein Signal zu geben, schon steht er auf, folgt Ihrem Blick und bringt sie zu Ihnen. Eine dekadente Vorstellung? Nicht für Ihren Hund! Er sieht darin einfach endlich wieder eine Aufgabe, die er erledigen darf.

Ist es nicht faszinierend, den Hund mit den Augen zu steuern? Für Wölfe, die auch bei der Jagd mit Blicken kommunizieren, gehört das zur Normalität. Bestimmt haben auch Sie schon einmal einem Gesprächspartner mit Ihrem Blick signalisiert, wovon Sie reden, sind dessen Fokus gefolgt oder haben selbst den Blick eines anderen Menschen gespürt.

Ein sozialer Diensthund kann unmöglich für jeden existierenden Gegenstand einen eigenen Begriff erlernen. Daher bitten wir ihn, die wichtigen Informationen unserem Blick zu entnehmen – so können wir den Vierbeiner sehr vielseitig einsetzen.

10 Das Fokusspiel – im Nu den Blick verstehen

Ihr Vierbeiner soll sich an Ihrem Blick orientieren und Ausschau halten nach dem Gegenstand, den Sie gerade ansehen. Dazu geben Sie dem Hund nun das Signal »Fokus«. Zur Lösungsfindung schließen Sie dann ein System mit »Ja« und »Nein« an. Angenommen, Sie möchten den Autoschlüssel, doch Ihr Hund nimmt stattdessen den Geldbeutel, der direkt danebenliegt. In diesem Fall sagen Sie »Nein« und direkt danach noch einmal »Fokus«. Bietet er Ihnen nun an, den Schlüssel zu nehmen, bestätigen Sie ihn mit »Ja« und »Nimm«. Dies zeichnet einen gut geschulten, sehr kritikfähigen Hund aus.

Schritt für Schritt: Wählen Sie für die Schulung einen ruhigen Ort mit viel Platz, wo Mensch und Hund sich gut konzentrieren können. Arbeiten Sie wie gewohnt das Apportieren; verwenden Sie nun jedoch zwei Gegenstände, die Sie mit einer Distanz von jeweils zwei bis drei Metern links und rechts von sich platzieren. Weitere Gegenstände sollten dort nicht liegen; sie könnten den Hund irritieren.

- Holen Sie Ihren Hund jetzt zu sich und halten Sie ihn mit der Hand am Halsband fest. Wenden Sie Ihre Achse direkt dem ausgewählten Gegenstand zu und schauen Sie ihn konzentriert an. Geben Sie Ihrem Hund das Signal »Fokus«, bis Sie spüren, dass er den Gegenstand anpeilt oder sogar zu ihm drängt. In diesem Moment sagen Sie »Ja, Nimm«. Ihre Hand löst sich vom Halsband, Sie sagen »Holen« und, wenn er ihn abliefert, »Danke«.
- Dann drehen Sie sich um und wiederholen die Übung in der anderen Richtung. Haben Sie diese Signale etabliert, können Sie auch mit drei oder vier Gegenständen arbeiten. Machen Sie es Ihrem Schüler zu Beginn aber nicht zu schwer und helfen Sie ihm immer schnell zur Lösung.
- Es kann sein, dass Sie Ihren Hund kritisieren müssen, wenn die Auswahl größer wird und er den falschen Gegenstand bringen möchte. In diesem Fall sagen Sie mit leicht treibender Wirkung »Nein« und »Aus«, bis er von dem Gegenstand ablässt. Darauf folgt wieder »Fokus«; Ihre Augen sind fest auf den gewünschten Gegenstand gerichtet. Hat Ihr Hund den richtigen Gegenstand, folgt wieder Ihr »Ja, Nimm«, »Holen« und »Danke«.

◆ Möchten Sie auch auf Spaziergängen arbeiten, läuft die Übung wie folgt: Sie haben den Hund auf einer Seite und lassen auf der anderen Seite unbemerkt etwas fallen. Sie gehen weiter, drehen sich unvermittelt um und sagen »Fokus«. Möchte Ihr Hund zu dem Gegenstand laufen, erteilen Sie ihm den restlichen Auftrag mit »Ja, Nimm«, »Holen« und »Danke«. Damit der Hund leicht die Lösung finden kann, muss der Gegenstand gut sichtbare Konturen haben, sich gut vom restlichen Untergrund abheben, und die Distanz zu Ihnen darf nicht zu groß sein.

Variante: Sie können das Fokusspiel variieren, indem Sie einen Gegenstand hinlegen und einen anderen in der Hand behalten. Nun schauen Sie den liegenden Gegenstand an und beginnen mit Ihrer Fokusarbeit. In dem Moment, in dem der Hund losgeht, werfen Sie den Gegenstand in Ihrer Hand einige Meter weit hinter sich. Hat Ihr Hund den ersten Gegenstand bei Ihnen abgeliefert, drehen Sie sich mit Schwung um und fokussieren den anderen Gegenstand. Diese spielerische Form können Sie eine ganze Weile fortsetzen; dadurch bringen Sie viel Schwung in die ganze Lektion, und das wirkt sich ausgesprochen positiv auf den Lernprozess des Hundes aus.

Motivieren: Sie machen Ihrem Hund Lust auf diese Übung, wenn es Ihnen gelingt, durch das Fixieren des Gegenstands einen regelrechten Sog auf Ihren Hund auszulösen. Dadurch, dass das Apportieren hier nicht über den Bewegungsreiz beim Werfen angeregt wird, sondern über das ruhige Fokussieren, ist es für den vierbeinigen Schüler ganz leicht, liegende Gegenstände wahrzunehmen und als Objekt Ihrer Wünsche zu verstehen. Der verspielte Umgang, die Leichtigkeit und Selbstverständlichkeit sowie das einfache Einbeziehen dieser Lektion in den Alltag bringen schnell den Lernerfolg.

GRENZENLOS EINSETZBAR: DIE FOKUSARBEIT

1 Das Fokussieren an Wasserflächen setzt eine gute Vorbildung des Vierbeiners voraus. Er muss sich sicher steuern und ohne Hemmungen ins Wasser lenken lassen. Die Gegenstände, die im Wasser schwimmen, sollten gut sichtbar sein.

2 Wenn ein Vierbeiner Spaß an der Arbeit hat und Energie mitbringt, steigert das Fokussieren auf Wasserflächen seine Verbindlichkeit. Sie werden das Gefühl bekommen, dass solche Hunde tatsächlich unbegrenzt einsetzbar sind – und Sie haben recht!

11 Verschiedene Ebenen – der Blick lenkt den Hund

Damit Ihr Hund Ihnen später wirklich die Fernbedienung vom Tisch holt, müssen Sie ihm erklären, dass nicht jeder von Ihnen gewünschte Gegenstand zwangsläufig auf dem Boden liegt. Das Arbeiten mit verschiedenen Ebenen ist ein eigenes Thema und baut auf der bereits abgeschlossenen Basisschulung des Fokussierens auf. Erst wenn Ihr Vierbeiner das »Ja«-»Nein«-System verstanden hat, können Sie ihm beibringen, wie er seine Wahrnehmung flexibel gestaltet. Im Lauf der Schulung sollten Sie den Eindruck bekommen, dass allein Ihr Blick bei Ihrem Hund das Verlangen auslöst, den Gegenstand zu holen, den Sie anschauen. Durch dieses Training werden Hunde unglaublich flexibel und lassen sich in allen nur denkbaren Bereichen einsetzen.

Schritt für Schritt: Üben Sie wieder an dem ruhigen Ort, an dem Sie die Fokusschulung begonnen haben. Stellen Sie dort einen kleinen Hocker auf und legen Sie einen Gegenstand darauf, der dem Hund vertraut ist.

- Nun arbeiten Sie wie in der ersten Unterrichtsstunde im Fokussieren: Verwenden Sie nur einen Gegenstand, setzen Sie Ihre Körperachse zur Richtungsweisung ein, halten Sie den Hund am Halsband fest und strahlen Sie viel Ruhe aus. Da sich die Aufgabe für den Hund sehr einfach gestaltet, wird er schnell die Lösung finden.
- Im nächsten Schritt variieren Sie die Höhe, auf der sich der Gegenstand befindet. Achten Sie beim Platzieren eines Objekts darauf, dass der Hund es gut sieht und leicht erreichen kann. Arbeiten Sie auch mit unterschiedlichen Ablagemöglichkeiten, etwa mit einer Bank, einem Liegestuhl, einem Gartentisch, einer niedrigen Mauer oder einem Baumstamm.
- Wenn Ihr Vierbeiner die bisherigen Schritte beherrscht und die begehrten Objekte problemlos von allen für ihn sichtbaren Ebenen bringt, dürfen Sie die Aufgabe etwas schwieriger gestalten. Fixieren Sie nun beispielsweise einen Gegenstand auf einem Tisch, an dem der Hund zwar aufrecht auf den Hinterbeinen stehen kann, dessen Tischplatte er vom Boden aus aber nicht einsehen kann. Wenn der Hund auf den Tisch zusteuert, wo der für ihn noch nicht sichtbare Gegenstand liegt, helfen Sie dem Hund in die aufrechte Position, damit er den Gegenstand aufnehmen und zu Ihnen bringen kann.

Um die Ecke denken: Bisher befand sich Ihr Hund immer direkt neben Ihnen, um Ihrem Blick auf den Gegenstand annähernd aus Ihrer Perspektive folgen zu können. Im Alltag ist es aber eher umständlich, wenn Sie Ihren Vierbeiner zum Fokussieren immer erst an Ihre Seite holen müssen. Darum soll er nun geschult werden, Ihren Blick aus allen möglichen Richtungen zu verstehen und entsprechend darauf zu reagieren.

Zunächst verändern Sie den Winkel zwischen sich, dem Hund und dem Gegenstand – das ist der sogenannte »Dreiecksfokus«.

Beginnen Sie wieder mit den Grundübungen der Schulung des Fokussierens. Legen Sie Ihren Hund dann ab und gehen ein paar Meter von ihm weg. Nun schauen Sie den Gegenstand an, der von Ihnen beiden jeweils zwei bis drei Meter entfernt gut sichtbar auf dem Boden liegt. Arbeiten Sie langsam, damit Ihr Hund genügend Zeit hat, in Ruhe nach der Lösung Ausschau zu halten.

Schaut er den gewünschten Gegenstand an, dann sagen Sie wie gewohnt »Ja« – »Nimm« – »Holen« und bei Ablieferung »Danke«. Wiederholen Sie dies mehrmals, um den Dreiecksfokus gründlich zu schulen.

SICH MIT BLICKEN VERSTEHEN: DAS FOKUSSIEREN

1 Mit den Augen wird Spannung aufgebaut. Dieser folgt der Hund mit seinem Blick.
2 Ist ein Sog spürbar und drängt der Hund zum Objekt, dann unterstützt die Trainerin mit »Ja« seinen Schwung und erteilt den Auftrag.
3 Nun erfährt der Hund, was er weiter tun soll. »Nimm« und »Holen« setzen die Lektion fort.
4 Mit viel einfachem bis aktivierendem aktivem Lob wird diese Handlung unterstützt – ein Riesenspaß und unendlich nützlich!

Varianten: Damit Ihr Hund seine Belastbarkeit und seine Kritikfähigkeit verbessert, erhöhen Sie im ersten Schritt langsam die Anzahl der Gegenstände. Im zweiten Schritt verringern Sie die Distanz zwischen ihnen. Bleiben Sie immer im Rahmen der Möglichkeiten Ihres Schülers. Wenn er etwa die Lektion mit drei Gegenständen gut meistert, aber bei vier durcheinanderkommt, dann machen Sie damit einfach nächstes Mal weiter.

Tipp: Sie können den Fokus täglich beliebig oft üben, sollten die Einheiten aber kurz halten: Fordern Sie einmal fokussiertes Apportieren ein und machen dann wieder etwas anderes. So integrieren Sie die Lektion spielerisch in den Alltag des Hundes; seine Kritikfähigkeit wird durch die Routine von allein wachsen. Der Spaß, den diese Lektionen bringen, und die Freude am Miteinander wiegen jede Minute des Erklärens um ein Vielfaches auf!

12 Immer der Nase nach: die Suche

Die Hundenase ist ein unglaublich leistungsfähiges Sinnesorgan. Es fasziniert mich immer wieder, einem Vierbeiner mit gut geschulter Nase bei der Arbeit zuzusehen. Die dazu nötigen Grundlagen kann man ihm schnell und einfach beibringen.

Voraussetzungen: Der Hund muss das Nehmen und das Bringen sauber beherrschen.

ANNE KRÜGER: SO LÄUFT'S LEICHTER

Schulen Sie die Suche erfolgreich:

- Je ruhiger Sie arbeiten, je kleiner die Suchfläche ist und je sicherer der Hund an den Erfolg glaubt, desto schneller erreichen Sie Ihr Ziel.
- Lassen Sie Ihren Hund innerhalb einer Trainingseinheit nur höchstens dreimal hintereinander suchen; danach ist er meist erschöpft. Achten Sie darauf, den Hund niemals über seine Fähigkeiten und seine Ausdauer hinaus zu fordern.

Schritt für Schritt: Für die Suche brauchen Sie eine Fläche von ungefähr fünf mal fünf Metern, an einer Seite begrenzt von einem Zaun oder einer Mauer, sowie ein Objekt, mit dem Sie den Hund vertraut gemacht haben.

◆ Legen Sie Ihren Hund am Rand dieser quadratischen Fläche ab. Nun gehen Sie einen Kreis mit dem größtmöglichen Radius ab. Alle zwei bis drei Schritte bleiben Sie stehen, stampfen den Boden fest und tun so, als ob Sie etwas im Boden vergraben würden. Dadurch verteilen Sie die Geruchspartikel Ihres individuellen Dufts auf dem Boden; diese dienen dem Hund als zusätzliche Orientierungshilfe. Am Ende verstecken Sie den Gegenstand auf dieser Linie so im Boden, dass er noch ein Stück herausragt.

◆ Nun gehen Sie wieder zu Ihrem Hund und stellen sich so hin, dass Ihr Vorderkörper zur quadratischen Suchfläche gerichtet ist – Ihr Hund soll lernen, dass der Erfolg vor Ihrer Achse liegt. Dieser Teil ist sehr wichtig, denn darauf baut die freie Flächensuche auf.

◆ Nun sagen Sie entspannt das Signal »Such«. Damit kann Ihr Hund zwar noch nichts anfangen, da er aber Ihre Körpersprache deutet, wird er bald etwas ausprobieren. Nähert er sich mit der Nase ein wenig dem Boden, wiederholen Sie das Signal und bestätigen den Hund in seiner Handlung. Seinen Namen sollten Sie allerdings nur sagen, wenn er die Fläche verlässt; diese ziehende Hilfe lotst ihn dann zurück in den Suchbereich.

◆ Wird Ihr Hund nicht aktiv, dann unterstützen Sie ihn. Gehen Sie dazu ganz langsam Meter für Meter direkt auf den versteckten Gegenstand zu. Achten Sie aber bitte darauf, sich immer nur einen Schritt vor Ihrem Hund zu bewegen, damit er auch selbst die Chance bekommt, die Lösung aus eigenen Stücken zu finden. So garantieren Sie Ihrem Vierbeiner seinen Erfolg.

◆ Hat Ihr kleiner Schüler die Lösung gefunden – ob mit oder ohne Ihre Hilfe –, dann können Sie ihn aktivierend loben. Starten Sie anschließend das ganze Programm wieder von vorn. Üben Sie aber nicht mehr als dreimal hintereinander, selbst wenn Ihr Hund seine Leistung steigert. Die Suche ist für ihn sehr anstrengend, und gerade bei den »Anfängern« nimmt die Konzentrationsfähigkeit rapide ab. Erst mit zunehmender Routine steigert sich auch die Konzentration.

- Wenn Ihr Hund das Prinzip der Suche verstanden hat, dürfen Sie die Verstecke raffinierter gestalten, die Suchfläche vergrößern und andere Gegenstände verwenden; denken Sie aber daran, immer nur eine Variable zu verändern. Bald schon können Sie mit Objekten arbeiten, die der Vierbeiner nicht kennt, und die Suche auf eine andere Fläche verlegen.
- Ein fortgeschrittener Hund muss den Geruch des zu suchenden Gegenstandes nicht zwangsläufig vorher erfahren. Ich entscheide dies je nach Situation: Verstecke ich etwa einen Gebrauchsgegenstand von mir – der also »nach Mensch« riecht – auf einer Weide, ist die Suche für den Hund sehr einfach. Verstecke ich aber so einen Gebrauchsgegenstand im Haus, sollte der Hund den Geruch des gesuchten Objektes vorher erfahren.

Motivieren: Beim Training der Nase gilt in ganz besonderem Maß, dass der Hund niemals enttäuscht werden darf! Um das zu garantieren und mich nicht unglaubwürdig zu machen, habe ich immer einen zweiten Gegenstand in der Tasche; diesen kann ich für meinen vierbeinigen Schüler als Ersatz verstecken, wenn weder er noch ich selbst den ersten Gegenstand wiederfinden.

Nach jeder Suche gibt es ein kleines Spiel. Dies muss aber nicht ausufern und wird mit zunehmender Reife des Hundes immer mehr in den Hintergrund treten; im Vordergrund soll die Begeisterung für die Suche stehen.

Die Fähigkeit des Hundes, über den Geruchssinn zu arbeiten, entwickelt sich meist rasant; seine Nase ist ein dermaßen gutes und feines Organ, dass es den Vierbeiner schon in jungen Jahren als absoluten Experten auszeichnet.

DIE SICHERE SUCHE, GUT GESCHULT

1 Ein gut vorbereitetes Suchfeld wird durch die Achse der Trainerin abgegrenzt. So erkennt der Vierbeiner, wo der Gegenstand versteckt ist und gesucht werden soll.
2 Eine gelaufene Spur hilft dem Hund, die Lösung zu finden. Entscheidend für den Lernfortschritt ist wie immer, dass dem fleißigen Schüler der Erfolg garantiert ist.
3 Das Herbeibringen des Gegenstandes wird stets gebührend gelobt und gefeiert. Die Art der Zusammenarbeit von Mensch und Hund bei der Suche ist etwas ganz Besonderes.

13 Von klein auf groß: der Weg in die freie Suche

Sie haben mit Ihrem Hund ausgelassen auf der Wiese getobt und stellen anschließend fest, dass Ihnen dabei die Schlüssel aus der Jackentasche gefallen sind; jetzt liegen sie irgendwo im Gras. Kein Problem: Wenn Sie Ihren Hund gut geschult haben, kann er den spannenden Job der Suche übernehmen und sich als Held beweisen.

Voraussetzung: Der Hund muss die Grundlagen der Suche sicher beherrschen. Er muss unter anderem verstanden haben, dass er dabei vor Ihnen bleiben, also genau den Bereich absuchen soll, den Ihre Körperachse mit einer gedachten Verlängerung begrenzt.

Schritt für Schritt: Der Hund ist bei Ihnen und soll nun einen Gegenstand suchen.

- Wenn Ihr Hund die Suchfläche verlässt, dann lotsen Sie ihn mit der ziehenden Hilfe wieder hinein. Achten Sie aber darauf, dass diese ziehende Hilfe sehr leicht ausfällt, damit der Hund sich zwar wieder der Fläche zuwendet, aber nicht zu Ihnen kommt: Sprechen Sie seinen Namen nur beiläufig aus und schließen Sie das Signal »Such« an. Sucht der Hund hingegen zu dicht bei Ihnen, ist eine leichte schiebende Hilfe mit »Nein, Such« angebracht, die ihn wieder von Ihnen wegdirigiert.
- Vergrößern Sie diesmal die Fläche, auf der Ihr vierbeiniger Schüler suchen soll. Arbeiten Sie beispielsweise auf einem Rechteck von zehn mal fünf Metern. Teilen Sie die Fläche in zwei Hälften ein und verstecken Sie dann den Gegenstand in der zweiten Hälfte.
- Starten Sie die Suche nun in der ersten Hälfte. Hier ist es wichtig, dass Sie ein gutes Gespür dafür haben, wie ausdauernd Ihr Hund ist. Da er auf der ersten Hälfte der Fläche ja keinen Gegenstand finden wird, müssen Sie rechtzeitig zur zweiten wechseln. Dazu wenden Sie Ihren Vorderkörper der zweiten

SPANNEND UND BEEINDRUCKEND: DIE FLÄCHENSUCHE

1 Hunde haben bei der Sucharbeit eine ganz spezielle Körperhaltung: die Nase am Boden, die Rute konzentriert in fast waagerechter Haltung und die Beine emsig in Bewegung.
2 Findet der Hund den versteckten Gegenstand, beschert ihm das ein Erfolgserlebnis. Gezielt nimmt er das Fundstück auf und bringt es umgehend zu seinem Menschen.
3 Die Sucharbeit erfüllt die Hunde – sie erschöpft und beglückt zugleich. Es ist sehr wichtig, stets ein gutes Maß für diese hoch konzentrierten Einsätze zu finden.

Hälfte zu und lotsen Ihren Vierbeiner mit der ziehenden Hilfe zu sich. Warten Sie aber damit nicht so lange, bis Ihr Hund frustriert ist oder keine Lust mehr hat; schließlich wollen Sie ihm ja einen Erfolg garantieren.

- Nun können Sie sich ganz langsam dem versteckten Gegenstand nähern, um dem Hund schnell zur Lösung zu verhelfen. Gehen Sie nur einen Schritt, bleiben Sie stehen und sagen Sie »Such«. So lernt Ihr Hund, Ihnen zu vertrauen, dass er mit Gewissheit den Gegenstand finden wird. Je besser Sie die aktuelle Suchfläche eingrenzen, desto schneller hat er ein Erfolgserlebnis. Arbeiten Sie aus diesem Grund bitte zunächst nur auf einem kleinen Radius, kommunizieren Sie sauber über Ihre Körpersprache und helfen Sie dem Hund wieder in die Fläche hinein, falls er sie verlässt.
- Wenn Ihr Vierbeiner in der Suche sicher wird und auch bei einem Flächenwechsel unablässig weiterarbeitet, können Sie die Fläche erneut vergrößern. Klappt auch das, ist es wieder Zeit für die schrittweise Erhöhung des Schwierigkeitsgrades. Ihr Hund wird sich mit fast jeder Trainingseinheit steigern und garantiert an Sicherheit gewinnen.

Tipps: Lenken Sie Ihren Hund bei der Arbeit nicht ab, dazu braucht er Ruhe. Sagen Sie nur dann etwas, wenn er tatsächlich Hilfe benötigt. Das passive Lob ist während der Arbeit extrem wichtig.

Unterscheiden Sie, ob Ihr Hund auf der Wiese einfach schnüffelt, beispielsweise an den Duftmarken von Artgenossen, oder ob er wirklich sucht. Der arbeitende Hund zeichnet sich durch ein ständiges Ventilieren über die Nase, eine aktive Rute und ein hohes Maß an Konzentration aus (→ Fotos links). Verlässt er dieses Schema, fordern Sie ihn erneut mit »Such« zum Weiterarbeiten auf und helfen Sie ihm dann schnell zur Lösung.

Nach einer erfolgreichen Suche kann sich ein Spiel anschließen; dadurch löst sich die hohe Anspannung und Konzentration. Dennoch ist hier wie bei den anderen Lektionen das Ziel, dass die Arbeit als solche den Hund beglückt und nicht die Erwartungshaltung der folgenden Spielsituation. Bieten Sie Ihrem Schüler also wirklich nur so viel Spielreiz, wie er zur Entspannung benötigt.

ANNE KRÜGER: SO LÄUFT'S LEICHTER

Passen Sie die Suche den Fähigkeiten Ihres Hundes an:

- Mit zunehmender Sicherheit des Hundes dürfen Sie kreativer werden. Gestalten Sie die Suche abwechslungsreich und spannend; das Ziel muss aber immer erreichbar bleiben.
- Die Suche eignet sich für jeden Hund. Erkennen Sie, wie leistungsbereit und belastbar Ihr Vierbeiner ist, und erweitern Sie seinen Spielraum mit dieser Arbeit.

Auf lange Sicht: Die Suche selbst ist zwar meist sehr schnell erfolgreich geschult. Bis Ihr Vierbeiner aber ein wirklich guter Suchhund ist, benötigt er viel Zeit und Übung. Danach hat die Suche etwas Magisches: Sie wird von einer unglaublichen Konzentration und Stille begleitet, in der der Hund Aufgaben löst, die weit außerhalb unserer Wahrnehmung liegen.

Kleine Bühne, großer Applaus

Kapitel 5 DIE LEKTIONEN, DIE IHR HUND BISHER GELERNT HAT, LASSEN SICH AUCH WUNDERBAR ZU KLEINEN CHOREOGRAFIEN ZUSAMMENSTELLEN.

Kleine Choreografien

Am Ende steht die Kür. Sie sind mit Ihrem Hund viele kleine Schritte bis zu diesem Punkt gegangen und haben ein hohes Maß an Harmonie entwickelt. Die Verbindlichkeit des gemeinsamen Dialogs und die Freude am Miteinander sind auch für Außenstehende unübersehbar. Nun können Sie aus dem Erlernten kleine Choreografien zusammenstellen, deren komplexe Handlungen bei genauem Hinsehen nichts anderes sind als die geschickte und logische Aneinanderreihung von Einzelkunststücken. Da Ihr Hund die Bewegungen verstanden hat und auch ohne Leckerbissen oder Spielzeug hoch motiviert ist, sind Sie in der Wahl der Bühne völlig unabhängig. Sie und Ihr Hund können jederzeit und überall eine Vorstellung geben. Der Applaus ist Ihnen garantiert sicher!

Die Kür der Ausbildung: kleine Geschichten erzählen

Nachdem Sie und Ihr Vierbeiner so fleißig gearbeitet haben und so gut aufeinander abgestimmt sind, dürfen Sie nun gemeinsam die Früchte Ihrer Anstrengungen ernten: Arrangieren Sie die Tricks und Kunststücke, die Ihr Hund erlernt hat, zu raffinierten Handlungsketten. Dabei sind Ihrer Kreativität keine Grenzen gesetzt. Einige Anregungen finden Sie in diesem Kapitel, aber Sie können auch selbstständig Bilder und Bewegungen entwickeln, die zueinanderpassen und das Talent Ihres Schützlings besonders fördern. Freuen Sie sich auf den immer feineren Dialog, der sich beim »Einstudieren« der kleinen Storys ergibt. Sie werden erleben, dass Sie das Ihrem Hund noch näherbringt. Genießen Sie den Stolz auf ihn – und natürlich die Verblüffung der Zuschauer, wenn Ihr eifriger Schüler die einstudierten Choreografien mal eben so nebenbei präsentiert!

Diebischer Hund: Fokussieren Sie die Tasche Ihres »Opfers«. Der Hund geht hin, Sie sagen »Aufrecht« – »Tasche« – »Nimm« – »Bring zu«, und der entnommene Gegenstand landet in den Händen eines anderen. Oder Sie lassen Ihren Hund mit »Hopp« auf Ihren Arm springen, mit »Zieh« Ihre Kappe vom Kopf nehmen, mit »Runter« vom Arm springen und mit »Bring zu« die Kappe bei einer anderen Person abliefern.

Wegkullern: Der Hund führt zuerst die Lektion Home aus. Dann legen Sie ihn zwischen Ihren Beinen ab, heben ein Bein an und lassen ihn in die »offene« Richtung wegrollen.

Haushaltshelfer: Brauchen Sie daheim Hilfe? Kombinieren Sie »Fokus« mit »Bring zu«, deuten auf einen Eimer und sagen »Eimer aus«. Dann kann Ihr Hund für Sie Dinge in den Müll oder Wäschekorb sortieren.

Bitte abführen: Haben Sie mehrere Hunde, kann einer den anderen an der Leine führen – einfach mit »Nimm« und »Transport«.

Amors Bote: Geben Sie Ihrem Hund eine Plastikrose ins Maul, schicken ihn mit »Bring zu« zu Ihrem Schatz und bitten Sie ihn, dort das Kompliment zu machen (→ Foto links).

1 Pfoten auf den Arm: das Aufrecht

Dank der bisherigen Schulung kann Ihr Hund nicht nur zirkusreife Tricks vorweisen, sondern ist inzwischen auch wirklich »alltagstauglich«. Die Lektion Pfoten auf den Arm (Aufrecht) enthält nützliche Informationen, mit denen Ihr Schüler sowohl bei seinen artistischen Vorführungen als auch in seinem Job als sozialer Diensthund glänzen kann. Die Aufrechtbewegung des Hundes ergänzt die Arbeit des Fokussierens auf verschiedenen Ebenen (→ Seite 130). Sie sollte geregelt und fein geschult werden. Mit der Fokussierarbeit bildet sie unter anderem die Basis dafür, dass Ihnen Ihr Vierbeiner beim Ausziehen von Kleidungsstücken behilflich sein kann. Pfoten auf den Arm ist eine kleine Übung, die Sie schnell erklären und fast nebenbei mit Ihrem Hund einüben können.

VERTRAUENSVOLLE NÄHE GEZIELT GESCHULT: DAS AUFRECHT

1 Die Leine soll hier Wege verschließen. Eine ruhige Atmosphäre ist Grundvoraussetzung.
2 Mit der ziehenden Hilfe sucht der Hund die Lösung weiter oben am Menschen. Die Leine liegt locker über dessen abgewinkeltem Arm.
3 Vorsichtig richtet sich der Hund auf und stützt sich am Unterarm des Trainers ab, der stabil stehen muss, um den Hund zu stützen.
4 Aktives Lob, Ruhe und ein hohes Maß an Entspannung garantieren den Erfolg.

Voraussetzungen: Die Vorkenntnisse Ihres Hundes beeinflussen den Erfolg des Trainings. Hunde, die dazu erzogen sind, dass sie Ihre Menschen auf keinen Fall anspringen dürfen, haben bei der Schulung dieser Lektion eine etwas höhere Hemmschwelle. Den Menschen, die ihren Hund hingegen immer wieder einmal zum Kraulen an sich hochsteigen lassen, wird es viel leichter fallen, das Aufrecht als geregelte Bewegung beim Hund zu etablieren. Hat Ihr Schüler den Sprung auf den Arm (→ Seite 91) bereits gelernt, sollten Sie besonders gründlich und langsam arbeiten. Einerseits ist diese Kenntnis hilfreich, da der Hund in Bezug auf den engen Körperkontakt keine Hemmungen hat; andererseits müssen Sie beim Aufrecht eine andere Körperhaltung zeigen und gut differenzierte Sichtzeichen und Signale einführen, damit der Hund nicht den Sprung auf den Arm als Erstes vorschlägt.

Schritt für Schritt: Nehmen Sie Ihren Hund an eine kurze Leine. Lehnen Sie sich dann mit dem Rücken an eine Wand – das gibt Ihnen sicheren Halt und verschließt dem vierbeinigen Schüler Wege an Ihnen vorbei.

- Mit der ziehenden Hilfe bitten Sie Ihren Hund nun, sich an Ihnen aufzurichten. Sein kleinster Versuch, an Ihrem Körper in eine aufrechte Position zu kommen, wird aktiv gelobt und dadurch sehr deutlich bestätigt.
- Steht der Hund aufrecht, loben Sie ihn weiter ruhig und streichen ihn wohlig ab. Es geht noch nicht darum, wo er mit den Pfoten landet und wie stabil er steht. Wie immer gestalten Sie erst das »Was« und danach das »Wie«.
- Nun soll Ihr Hund wieder hinunter, und auch diesen Weg soll er selbstständig finden. Daher aktivieren Sie ihn durch eine kleine schiebende Hilfe.
- Findet er sowohl den Weg in die aufrechte Position als auch den Weg zurück auf den Boden leicht und geschmeidig, dann können Sie jeweils das Signal an die Hilfen hängen: »Aufrecht« für den Weg nach oben und »Runter« für den Rückweg.
- Hat der Schüler den Weg nach oben gut verstanden, kann die Leine gelöst werden. Wenn Sie das Gleichgewicht auch sicher halten, während der Hund sich an Ihnen hochstellt, können Sie sich von der Wand lösen.
- Im nächsten Schritt erklären Sie Ihrem Hund, wie er sich an Ihrem Arm abstützen kann. Winkeln Sie dazu einen Arm vor dem Körper an und bitten Ihren Hund, sich wie bisher an Ihnen aufzurichten. Balancieren Sie Ihren Arm dabei so aus, dass der Hund auf Ihrem Unterarm landet. Erst wenn das gut funktioniert, können Sie den Arm weiter und weiter von Ihrem Körper abwinkeln. Je ruhiger Sie Ihrem Hund diese Handlung erklären, umso schöner wird er sie ausführen.

Mit anderen Personen: Hat Ihr Hund »Aufrecht« an Ihrem Körper verstanden, dann können Sie diese Lektion auch an anderen Personen schulen. Hierfür begleiten Sie den fleißigen Schüler mit »Geh zu« zu einer ihm vertrauten Person; diese hält sich den angewinkelten Arm vor den Körper. Nun geben Sie Ihrem Hund das Signal »Aufrecht«, weisen aber mit Ihrer Hand an den angewinkelten Arm Ihrer Hilfsperson. Von der Hilfsperson geht hier nur die ziehende Hilfe aus, jedoch gibt sie keine Signale – Signale werden grundsätzlich von dem Menschen gegeben, der den Hund meistens führt. Je besser Ihr Hund die Aufgabe ausführt, desto größer gestalten Sie die Distanz zwischen sich und dem Hund mit der Hilfsperson.

Mit Möbelstücken: Hat Ihr Hund diese Lektion bei einer Hilfsperson verstanden, dann können Sie das Aufrecht auch an Möbelstücken, Mauern oder Briefkästen einsetzen.

Hat der Hund die Bewegung einmal verstanden, führt er sie in der Folge kontrolliert und ruhig aus.

Auch diesen Weg erklären Sie Ihrem Vierbeiner in kleinen Schritten. Stellen Sie sich dazu mit Ihrem Hund an einen Tisch. Sie deuten mit der Hand auf den Tisch und bitten Ihren Hund mit diesem Sichtzeichen und mit dem Signal »Aufrecht«, die Pfoten an die Tischkante zu legen. Loben Sie ihn aktiv und ruhig, und dann geht es »Runter« auf den Boden.

Mehr draus machen: Bald schon können Sie den Auftrag Ihres Hundes erweitern, indem Sie dem »Aufrecht« zuerst »Nimm« und dann »Holen« folgen lassen. Schulen Sie »Aufrecht« jedoch bitte nicht an einem Gegenstand, den der Vierbeiner auch apportieren muss. Denn ein sozialer Diensthund muss diese Aufgabe auch ohne Spiel und Beutereiz ausführen, und die Erwartung eines Spiels würde die Möglichkeiten weiterer Variationen einschränken. Sie können aber Ihrem Schüler auf der Basis des Aufrecht auch beibringen, Türen zu öffnen oder Lichtschalter zu bedienen.

2 Den Reißverschluss öffnen

Ihre Zuschauer werden aus dem Staunen nicht mehr herauskommen, wenn Ihr Hund Ihnen routiniert und höflich aus der Jacke hilft. Eingeleitet wird dieser beeindruckende und durchaus nützliche Trick mit dem Öffnen des Reißverschlusses.

Voraussetzungen: Für dieses Kunststück brauchen Sie viel Geduld und Ihr Vierbeiner einige Übung. Wählen Sie fürs Training eine Jacke mit einem robusten Reißverschluss aus Metall mit einem kräftigen und möglichst breiten Zuggriff. Da es vorkommen kann, dass Ihr Hund sich während der Übung an Ihrer Jacke abstützt, sollten alle vier Pfoten sauber sein; dann bleibt es Ihre Jacke auch. Größere Vierbeiner meistern diesen Trick später mit Leichtigkeit, wenn Sie stehen; bei kleinen sollten Sie sich aber lieber in die Hocke begeben, damit sie den Jackenverschluss auch auf kurzen Beinen erreichen können.

»MADAME, IHRE JACKE BITTE«: DER REISSVERSCHLUSS

1 In ruhiger Position sitzt der Hund vor seiner Trainerin und konzentriert sich auf den gleich folgenden Auftrag.

2 Ein leises Signal ihrerseits, »Aufrecht«, lässt den Hund nach oben gehen. Dieser Beauceron wurde so geschult, dass er hierfür keinen Körperkontakt mehr benötigt, sondern frei auf den beiden Hinterläufen steht.

3 Vorsichtig nimmt der Vierbeiner auf die Aufforderung »Nimm« den Reißverschluss zwischen die Zähne. Er hat sein Maul gut in Griff und kann die Zugstärke einschätzen.

Schritt für Schritt in der Hocke: Am Griff des Reißverschlusses hängt ein Schlüsselanhänger, der aus einem Karabinerhaken und einem Stofftier oder Ähnlichem besteht.

- Nun gehen Sie zunächst auch bei einem großen Hund in die Hocke und bitten ihn mit »Nimm« – »Zieh«, den Anhänger zu nehmen und leicht daran zu ziehen. Unterstützen Sie das Öffnen des Verschlusses mit beiden Händen, während der Hund sacht zieht.
- Es geht noch nicht darum, dass der Hund den Reißverschluss ganz öffnet. Der Vierbeiner soll vielmehr lernen, ein Objekt zu nehmen, das irgendwo an Ihnen hängt, und vorsichtig daran zu ziehen. Zieht er zu intensiv, unterbrechen Sie Handlung mit »Aus« und beginnen dann schnell wieder von vorn. Zieht Ihr Schüler jedoch zu zaghaft, sollten Sie ihn beim Öffnen des Verschlusses unterstützen.
- Wenn Ihr Hund die angemessene Zugkraft entwickelt hat, können Sie das Öffnen des ganzen Reißverschlusses üben. Ist der Hund mit dem Schlüsselanhänger unten angekommen, soll er den Anhänger einfach auslassen – also sagen Sie das Signal »Aus«. Nun üben Sie dies bitte so lange mit dem Hund, bis es sich ganz leicht und selbstverständlich anfühlt.
- Im nächsten Schritt ersetzen Sie den Schlüsselanhänger am Reißverschluss durch ein kurzes Stück Lederband. Um auch diese Aufgabe zu meistern, muss Ihr kleiner Freund nun seine Feinmotorik im Maul verbessern. Will ihm das nicht gelingen, können Sie in einem Zwischenschritt das Nehmen und Ziehen des Lederbändchens unabhängig von der Jacke üben, indem Sie es einfach in der Hand halten. Die Verknüpfung mit dem Reißverschluss wird anschließend wieder hergestellt.
- Wenn Ihr Hund das Lederbändchen geschickt und vorsichtig aufnehmen kann, entfernen Sie es und bitten ihn nun mit den Signalen »Nimm« – »Zieh«, den Zuggriff des

4 Auf die beiden Signale »Zieh« und »Runter« lässt er sich wieder auf den Boden hinunter, während er behutsam den Reißverschluss der Jacke aufzieht.

5 Gelassen erfüllt der Beauceron seine Aufgabe. Den Griff des Reißverschlusses hält er immer gut fest. Ein gründlich geschultes, ruhiges Maul zahlt sich hier wirklich aus.

6 Wenn die Jacke offen ist, ertönt das Signal »Aus«. Passives bis sehr ruhiges aktives Lob begleiten den Hund bei der Arbeit, damit seine hohe Konzentration nicht gestört wird.

Reißverschlusses selbst zu bedienen. Es ist sehr aufregend zu sehen, wie sehr sich Ihr Hund bemüht, dieses kleine metallene Ding zwischen die Zähne zu nehmen und zu halten. Und wie vorsichtig er dann daran zieht.

Schritt für Schritt im Stehen: Erst wenn dem vierbeinigen Schüler das Öffnen gelungen ist, verändern Sie Ihre Haltung.

- Stellen Sie sich aufrecht hin. Dies macht die Übung für Ihren kleinen Schüler wieder schwieriger. Um ihm dennoch weiterhin den Erfolg zu garantieren, hängen Sie wieder das Stofftier an den Zuggriff des Reißverschlusses. Die Bedienung des Reißverschlusses an sich hat Ihr Hund ja inzwischen verstanden; dies jedoch in eine fließende Abwärtsbewegung umzusetzen, bedarf der Sorgfalt und Geduld.

ANNE KRÜGER: SO LÄUFT'S LEICHTER

So helfen Sie Ihrem Hund, Kleidungsstücke auszuziehen:

- Damit ein kleiner Hund die Lektion erlernen kann, bleiben Sie für alle Schritte in der Hocke. Sie können den vierbeinigen Schüler aber auch auf dem Arm halten, während er an der Lektion arbeitet.
- Große wie kleine Hunde benötigen immer wieder Unterstützung. Helfen Sie ihnen stets bereitwillig und üben Sie mit viel Geduld und Ruhe.

- Sagen Sie Ihrem Hund das Signal »Aufrecht« und stützen ihn mit einer Hand; dadurch haben Sie nur noch eine Hand frei, um ihm bei der Bedienung des Reißverschlusses zu helfen. Ihr stützender Arm muss die Bewegung des Hundes begleiten, während dieser auf Ihre Signale »Nimm« und »Zieh« versucht, am Reißverschluss zu ziehen, und sich dabei zwangsläufig etwas nach unten bewegt. Bitte seien Sie hier geduldig mit Ihrem kleinen Schüler – es ist gar nicht so einfach, alles richtig zu machen, was Sie von ihm möchten, und braucht viel Übung.
- Nun müssen Hund und Mensch sich besonders konzentrieren, denn auf dem Übungsplan steht das geregelte Herunterziehen des Zuggriffs. Bitten Sie Ihren Hund mit »Aufrecht« nach oben, dann folgen »Nimm«, »Zieh« und zum Schluss »Runter«.

Aufsplitten: Hier ist meist der Knackpunkt der Übung, der meiner Erfahrung nach schnell übergangen wird: Das Ziehen während der Abwärtsbewegung führt sehr häufig dazu, dass der Hund entweder zu grob zieht oder im Abstieg den Anhänger loslässt. Ist dies der Fall, sollten Sie den Abstieg in zwei Etappen einteilen:

Sagen Sie »Runter« – »Zieh« und halten Sie das ganze Manöver an, solange der Hund noch durch Ihren Arm gestützt werden kann. Für den unteren Teil begeben Sie sich nochmals in die Hocke oder setzen sich auf einen Stuhl, damit Ihr Hund den Rest der Strecke auch noch schaffen kann.

Verlassen Sie sich nun auf Ihr Gefühl: Sie werden spüren, wann Ihr Hund die Bewegung versteht und wann er so weit ist, die ganze Bewegung von oben nach unten in einem Zug durchzuführen. Loben Sie ihn aktiv, aber eher begleitend und ruhig. Das aktivierende Lob kann den Hund an dieser Stelle zu sehr anregen; als Folge würde er vielleicht zu grob ziehen. An manchen Stellen ist das passive Lob gut, an anderen auch einmal ein Abstreichen oder einige leicht ermutigende Worte.

Motivieren: Arbeiten Sie mit vielen Pausen und nehmen Sie die Leistungsfähigkeit Ihres Schützlings sensibel wahr. Eine solche Lektion kann für ihn schnell ermüdend sein, aber wenn Sie achtsam mit seiner Energie umgehen, wird der Spaß an der Arbeit niemals gebremst! Große Hilfen sind hier schlicht und einfach die Routine und die Fähigkeit, die Ziele erreichbar zu gestalten. Es ist sehr erfüllend, mit seinem Hund an einer so filigranen Aufgabe zu tüfteln, und Sie werden erleben, wie fein die Motorik Ihres Hundes wird, wenn Sie ihn gut schulen.

Choreografie: Für das Öffnen des Reißverschlusses geben Sie Ihrem vorbildlichen Schüler folgende Signale: »Aufrecht« – »Nimm« – »Zieh« – »Runter« – »Aus«. Sie sehen, es handelt sich hier um eine kleine Choreografie, die schnell Begeisterung hervorruft und in der nächsten Lektion, dem Ausziehen der Jacke, zudem anspruchsvoll ausgebaut werden kann. Für die Umsetzung brauchen Sie wenig Platz, daher sind bei der Vorführung der Story kaum Grenzen gesetzt.

Mehr draus machen: Wir schulen das Bedienen von Verschlüssen in der Regel an einer Jacke – sie ist nicht nur robust und relativ einfach zu bedienen, sondern bietet sich zudem für den Dialog zwischen Mensch und Hund besonders an. Doch ein gut geschulter Hund kann auch andere – nicht zu komplizierte – Kleidungsstücke und sogar Schuhe öffnen. Wenn Sie diese Zusammenarbeit erlebt haben, bekommen Sie sicher von ganz allein Lust darauf, Ihre Kreativität einzusetzen und herauszufinden, welche Verschlüsse Ihr Hund sonst noch aufziehen kann.

3 Die Jacke ausziehen

Um diese Aufgabe zu erfüllen, muss Ihr galanter Vierbeiner neben dem Öffnen des Reißverschlusses nur noch vorsichtig die Bündchen der Ärmel nehmen und so sacht daran ziehen, dass Ihre Arme mit Leichtigkeit hinausschlüpfen.

Voraussetzungen: Für diesen Schritt sollte Ihr Hund den richtigen Umgang mit dem Reißverschluss sicher beherrschen; dann kann er sich voll und ganz auf die neue Aufgabe konzentrieren, die nicht zu kompliziert ist.

Schritt für Schritt: Sie haben die Jacke an und ziehen eine Hand im Jackenärmel so weit zurück, bis sie nicht mehr zu sehen ist.

- Halten Sie Ihrem Schüler das Bündchen hin und bitten Sie ihn mit »Nimm« und »Zieh«, es zu nehmen und daran zu ziehen. Schlüpft Ihr Arm aus der Jacke heraus, soll der Hund sofort mit dem Ziehen aufhören; Sie geben das Signal »Aus«.

Vorsichtig fühlt der Hund, ob er den Bund richtig gefasst hat, und zieht ihn dann behutsam herunter.

GALANT UND HÖFLICH: DIE JACKE AUSZIEHEN

1 Sanft nimmt der Hund beim Signal »Nimm« das Bündchen zwischen die Zähne und wartet auf den weiteren Auftrag.
2 Gleichmäßig zieht er an dem Ärmel, bis er spürt, dass der Arm hinausschlüpft.
3 Wenn die Trainerin das Signal »Aus« gibt, lässt der Vierbeiner den Ärmel sofort los.
4 Aufgabe erfüllt: Auch der zweite Ärmel ist ausgezogen, und der stolze Beauceron übergibt die Jacke seinem Menschen.

- Hat Ihr Vierbeiner die Aufgabe bei einem Ärmel gemeistert, dann lassen Sie ihn auch den anderen nehmen.
- Je sicherer Ihr Musterschüler die Aufgabenstellung beherrscht, desto weiter können Sie Ihre Hand aus dem Bündchen herausschauen lassen. Bald schon wird er verstanden haben, dass er den Stoff Ihrer Jacke behutsam nehmen muss, um ihn dann vorsichtig von Ihrem Körper wegzuziehen.

Choreografie: Am Ende der Schulung fügen Sie das Puzzle zusammen. Damit der Hund den Reißverschluss öffnet, sagen Sie »Aufrecht« – »Nimm« – »Zieh« – »Runter« – »Aus«. Direkt im Anschluss folgt für das erste Bündchen »Nimm« – »Zieh« – »Aus«, dann für das zweite Bündchen »Nimm« – »Zieh« – »Aus« und schließlich für die ganze Jacke »Nimm« – »Holen« – »Danke«. Hat Ihr Hund Ihnen aus der Jacke geholfen? Gratulation!

4 In die Decke einrollen

Er macht es sich gemütlich, Ihr kleiner Schützling: Er nimmt einfach eine Decke, legt sich mit ihr hin und rollt sich darin ein. Dann legt er sich flach auf den Boden und schläft. Gute Nacht!

Voraussetzungen: Was da passiert ist, sieht so einfach aus. Tatsächlich aber muss Ihr Hund für diese kleine Story richtig viel können. In den Basislektionen hat er das Hinlegen, das Flachliegen und die Rolle gelernt, später das Apportieren auch schwerer Gegenstände und die Kombination der Tricks mit dem Gegenstand im Maul. Jeder Vierbeiner, ob jung oder alt, der die Rolle begriffen hat, kann auch diese Choreografie erarbeiten. Für kleinere Hunde nehmen Sie ein leichtes Handtuch, größere kommen auch mit einer Wolldecke zurecht – bis es so weit ist, müssen Sie aber noch etwas üben.

Schwierigkeiten: Die Kombination des Apportierens mit der Bewegung fällt vielen Hunden schwer. Das Hinlegen etwa ist im Hundekopf als eine unmittelbare Bewegung des Körpers auf den Boden abgespeichert; dabei öffnet sich reflexartig das Maul, und der Gegenstand fällt heraus. Bittet man nun den Hund, den Gegenstand wieder ins Maul zu nehmen, dann tut er das zwar, steht dabei aber meistens auf. Da beide Reaktionen – die ja nicht aus Dummheit geschehen – unerwünscht sind, müssen Sie dem Vierbeiner im Detail und vor allem mit viel Geduld erklären, dass es auch anders geht: dass er sich nämlich mit dem Gegenstand im Maul hinlegen kann und dass er den Gegenstand in liegender Position wieder aufnehmen kann.

Schritt für Schritt: Beginnen Sie diesen Trick mit einem normalen, dem Hund vertrauten und nicht zu schweren Gegenstand, den er bereits aus seiner Apportierarbeit kennt.

- Setzen Sie sich zu Ihrem Hund und nehmen Sie den Gegenstand in Ihre Hand.
- Bitten Sie Ihren Hund, sich vor Sie hinzusetzen. Geben Sie ihm dann den Gegenstand mit dem Signal »Nimm« und fragen Sie ihn, ob er sich hinlegen kann. Ihre Hände streichen während der gesamten Zeit den Schützling ab und begleiten seinen Kopf sanft im Prozess des Hinlegens.

ANNE KRÜGER: SO LÄUFT'S LEICHTER

So schulen Sie Choreografien garantiert mit Erfolg:

- Kommt Ihr Hund ins Stocken, dann üben Sie die schwierige Stelle – den Übergang oder die Einzellektion – so lange isoliert, bis es wieder läuft. Fügen Sie sie erst danach wieder ins Gesamtbild ein.
- Je langsamer Sie arbeiten, desto sicherer gelangen Sie ans Ziel. Das sportliche Tempo wird der Story als allerletzter Mosaikstein hinzugefügt.

- Sie sollten nun die Signale »Nimm« und »Leg dich bitte« immer wieder in Kombination sowie mit häufiger Wiederholung sagen und den Hund mit viel Ruhe unterstützen. Wenn er sich hinlegt und den Gegenstand ausspuckt, sagen Sie »Nein, Nimm« und wenn er ihn wieder aufgenommen hat, folgt »Leg dich bitte«.

◆ Liegt Ihr vierbeiniger Schüler mit dem Gegenstand im Maul auf dem Boden, lassen Sie ihn liegen und bitten ihn mit dem Signal »Danke«, Ihnen den Gegenstand wiederzugeben, und gleich darauf mit »Nimm«, ihn im Liegen wieder zu nehmen. Das spielen Sie einige Male durch, um es zu festigen.

Die Rolle: Nun soll der Hund Ihnen den Gegenstand wiedergeben. Anschließend bitten Sie ihn, die Rolle zu machen; danach soll er liegen bleiben. Sie geben ihm den Gegenstand zurück und lassen ihn die Rolle nun auch mit dem Gegenstand im Maul machen.

◆ Vergessen Sie nicht, während Ihrer Arbeit die kleinen Feste zu feiern, wenn ein Zwischenschritt gelungen ist. Loben Sie aber bitte nicht zu aktivierend, denn dann würde Ihr Hund gewiss die Position verlassen.

◆ Nun erarbeiten Sie den fließenden Ablauf der Elemente: Zum Aufnehmen des Gegenstands sagen Sie das Signal »Nimm«, dann folgt zum Hinlegen »Leg dich bitte«, für die Rolle »Rolle« und, damit der Hund danach auch liegen bleibt, wieder »Leg dich bitte«. Wenn diese Bewegung klappt – auch wenn Sie dabei neben dem Hund stehen –, können Sie einen anderen Gegenstand verwenden.

Die Decke: Als Nächstes wird der Hund langsam – über Tücher und Ähnliches – an die Arbeit mit der Decke herangeführt.

◆ Tücher haben eine andere Dynamik als feste Gegenstände: Während ein Gummispielzeug im Hundemaul immer in der gleichen Position bleibt, kann ein Tuch durch die Luft wehen oder sich bei der Rolle auf das Gesicht des Hundes legen. Um Ihren Schützling an diesen Effekt zu gewöhnen, fangen Sie mit einem Lappen an.

◆ Fällt ihm die Rolle mit einem Lappen leicht, können Sie auf ein normales Handtuch umsteigen. Nun wird Ihr Vierbeiner möglicherweise die Rolle unterbrechen, weil ihn das Handtuch dabei in seiner Bewegungsfreiheit einschränkt. Bitten Sie ihn, trotzdem weiterzurollen, bis es ihm ganz leichtfällt.

◆ Nun kommt das große Badetuch dran. Breiten Sie es auf dem Boden aus und fordern Sie Ihren Hund auf, sich quer daraufzulegen. Heben Sie eine Ecke an und bitten Sie ihn, diesen Badetuchzipfel ins Maul zu nehmen.

◆ Nun fragen Sie nach der Rolle. Hier kann es wieder haken: Ihr Hund spürt an seinen Beinen den Zug des Badetuchs und lässt es entweder los, oder er bleibt in der Rolle hängen. Haben Sie etwas Geduld. Helfen Sie ihm bei diesen Bewegungen, als würden Sie in der Schulung der Rolle ganz am Anfang stehen. Unterstützen Sie ihn auch immer dabei, den Handtuchzipfel im Maul zu behalten.

◆ Hat er die Rolle mit dem Badetuch einmal geschafft, dann wird es ihm auch in Zukunft leichtfallen. Arbeiten Sie diese Lektion mit dem Badetuch so lange, bis weder Kritik noch Hilfestellungen nötig sind und Sie Ihrem Hund die Signale im Stehen geben können.

◆ Haben Sie dieses Ziel erreicht, lassen Sie den Musterschüler das Badetuch selbstständig über das Fokussieren holen, sich damit hinlegen (egal, wo er es angefasst hat), die Rolle machen und liegen bleiben.

◆ Der nächste Schritt ist der Wechsel zur Decke. Üben Sie nicht gleich mit der Kamelhaardecke, die bleischwer auf dem Hund lastet, sondern wählen Sie eine leichte Decke, die aber durchaus etwa ein mal zwei Meter groß sein darf. Auch mit dieser Decke arbeiten Sie den gesamten Werdegang langsam durch, stets bereit, Hilfestellungen zu geben.

◆ Den krönenden Abschluss dieser Choreografie, das flache Liegenbleiben in der Decke, üben Sie erst jetzt, ganz am Ende der Schulung, mit »Flachliegen«.

SCHLAF GUT: DAS EINROLLEN IN DIE DECKE

1 Der Hund legt sich auf die Decke und hält die Ecke fest im Maul. Die Signale »Nimm« und »Leg dich bitte« reichen als Information.
2 Nun lenkt das leise Signal »Rolle«, vielleicht mit einem Sichtzeichen, den Hund weiter.
3 Schließlich erfährt er, dass er liegen blieben soll: »Leg dich bitte.« Loben Sie sehr passiv und bieten Sie viel Entspannung an.
4 Lassen Sie Ihren Hund ruhig einige Zeit still liegen und stellen dann eine neue Aufgabe.

Choreografie: Bis die gesamte Choreografie sitzt, kann es durchaus ein paar Tage dauern. Nehmen Sie sich Zeit und erarbeiten Sie an einem Tag nur jeweils ein Thema; vertrauen Sie den kleinen Schritten der HarmoniLogie. Die Signalfolge sieht zum Schluss so aus: Für die ganze Decke »Nimm« – »Holen« – »Leg dich bitte«, für den Zipfel »Nimm« – »Rolle« und als Abschluss »Flachliegen«. Wundern Sie sich nicht, wenn Ihr Vierbeiner die einzelnen Lektionen richtig gut kann und trotzdem beim Aneinanderreihen Fehler macht.
Beim Üben ergeben sich so viele Situationen, in denen Frage und Antwort zwischen Ihnen und Ihrem Hund bestechend klar sind. Das Erfolgserlebnis, ein solches kleines Kunststück gemeinsam zu gestalten, ist unglaublich. Genießen Sie den Weg dorthin und stellen Sie nicht das Ziel über alles. Wenn der Weg stimmt, werden Sie das Ziel erreichen.

DIE AUTORIN

Anne Krüger

Mit Tieren zu kommunizieren, ist für Anne Krüger keine Zauberei. Die ausgebildete Tierwirtschaftsmeisterin ist Schäferin und Hundezüchterin und hält auf ihrem landwirtschaftlichen Betrieb 800 Schafe, ein Dutzend Border Collies und andere Hunde, Pferde, Ziegen, Gänse und Enten. Sie ist fünffache Deutsche Meisterin und Vizeeuropameisterin im Schafehüten. Ein Praktikum in der Landwirtschaft fing sie auf dem Weg zum Studium der Tiermedizin ab. Heute betreibt Anne Krüger mit ihrem Mann einen großen Bio-Bauernhof im niedersächsischen Melle, darüber hinaus eine gefragte Tierschule. Ihre erfolgreiche Arbeit war mehrfach Thema von TV-Reportagen, und sie demonstriert ihr Können regelmäßig auf internationalen Shows. »HarmoniLogie« nennt Anne Krüger ihren leichten und freundlichen Weg der Hundeerziehung, den sie seit vielen Jahren praktiziert und immer weiter perfektioniert.

Danksagung

All den Menschen und Teams, die dazu beigetragen haben, dass dieses Buch entstehen konnte, gilt mein herzlichster Dank.

Ein Wort zum Schluss

Die HarmoniLogie versteht sich als ein Weg, den Sie einschlagen können, wenn Sie das Ziel einer gelungenen Partnerschaft mit Ihrem Hund anstreben. Sie haben beim Lesen vielleicht gespürt, dass es sich jedoch nicht um eine Gebrauchsanweisung handelt, die man zur Hand nehmen und wieder beiseitelegen kann. Es geht vielmehr um eine grundsätzliche Haltung, die auf Vertrauen und Respekt, Feingefühl und Achtsamkeit basiert.

Doch was ist Respekt eigentlich? Er hat viele Facetten und reicht von großer Würdigung bis zur Einschüchterung. Wer etwa Respekt zum Ausdruck bringt, zollt jemand anderem Anerkennung: »Respekt, Respekt!« Ein solches Lob hat einen ganz besonderen Wert. Häufig wird Respekt aber mit Furcht in Verbindung gebracht: Der Schwächere schaut respektvoll zum Mächtigeren auf. Dabei hat Respekt sehr viel mit Höflichkeit zu tun: Wer Respekt einfordert, möchte mehr Distanz und Abgrenzung. In einer echten Partnerschaft werden diese Grenzen von beiden Seiten anerkannt – respektiert. Man kommuniziert auf gleicher Augenhöhe; der Respekt füreinander ist ausgewogen verteilt und frei von Furcht.

Finden Sie für sich heraus, wie viel Respekt Sie zollen und einfordern möchten; häufig liegt darin nämlich ein Schlüssel zum Glück.

»Aus Respekt vor der Kreatur« – diese Einstellung sollte Motor allen Handelns sein. Eng damit verbunden ist die Achtsamkeit – die Gabe, mit allen Sinnen im Hier und Jetzt zu sein, ohne zu werten. In dieser Hinsicht können wir viel von unseren vierbeinigen Freunden lernen: Ihnen sind Grübeleien über Vergangenes und Sorgen um die Zukunft fremd. Sie leben ganz in der Gegenwart, frei von Zweifeln oder Groll und daher jederzeit zu einem Neuanfang bereit.

Wenn es Ihnen ebenso gelingt, Ihrem Hund in jeder Situation unvoreingenommen zu begegnen, wirkt sich dies ungemein positiv auf die Beziehung zu ihm aus: Sie können sein Verhalten sachlich betrachten und darauf reagieren, ohne sich von Emotionen leiten zu lassen. Die Achtsamkeit, die nun entsteht, wird auch Sie selbst und Ihre Mitmenschen bereichern.

Ich wünsche Ihnen, liebe Leser, auf dem Weg zur gelungenen Partnerschaft mit Ihrem Hund ein gutes Bauchgefühl und viel Gespür und verbleibe mit Respekt

Anne Krüger

REGISTER

Seitenzahlen, die **halbfett** gesetzt sind, verweisen auf Abbildungen.

A

B

C

J

K

L

M

N

O

P

R

ADRESSEN UND LITERATUR

VERBÄNDE / VEREINE

Fédération Cynologique Internationale (FCI), Place Albert 1er, 13, B-6530 Thuin/Belgien, www.fci.be

Verband für das Deutsche Hundewesen e. V. (VDH), Westfalendamm 174, 44141 Dortmund, www.vdh.de

Österreichischer Kynologenverband (ÖKV), Siegfried-Marcus-Str. 7, A-2362 Biedermannsdorf, www.oekv.at

Schweizerische Kynologische Gesellschaft (SKG/SCS), Postfach 82 76, CH-3001 Bern, www.hundeweb.org

Deutscher Tierschutzbund e. V., Baumschullallee 15, 53115 Bonn, www.tierschutzbund.de

Interessengemeinschaft Deutscher Hundehalter e. V., Auguststr. 5, 22085 Hamburg

Deutscher Hundesportverband e. V., Gustav-Sybrecht-Str. 42, 44536 Lünen, www.dhv-hundesport.de

Industrieverband Heimtierbedarf e. V. (IVH), Emanuel-Leutze-Str. 1b, 40547 Düsseldorf, www.ivh-online.de

Forschungskreis Heimtiere in der Gesellschaft, Postfach 11 07 28, 28087 Bremen, www.mensch-heimtier.de

IEMT Schweiz, Institut für interdisziplinäre Erforschung der Mensch-Tier-Beziehung, Postfach 12 73, CH-8032 Zürich, www.iemt.ch

IEMT Österreich, Institut für interdisziplinäre Erforschung der Mensch-Tier-Beziehung, Margaretenstr. 70, A-1050 Wien, www.iemt.at

Berufsverband der Hundeerzieher/innen und Verhaltensberater/innen e. V. (BHV), Eichenweg 2, 65527 Niedernhausen, www.bhv-net.de

Anschriften von Hundeclubs und -vereinen können Sie bei den vorgenannten Verbänden erfragen.

Für Fragen zu Haltung und Gesundheit von Heimtieren:

Tierärztliche Vereinigung für Tierschutz e. V. (TVT), Geschäftsstelle: Bramscher Allee 5, 49565 Bramsche, www.tierschutz-tvt.de

Institut für Tierschutz und Verhalten, Tierschutzzentrum, Bünteweg 2, 30559 Hannover, www.tierschutzzentrum.de

Schweizer Tierschutz (STS), Dornacherstr. 101, CH-4008 Basel, www.tierschutz.com

Österreichischer Tierschutzverein, Kohlgasse 16, A-1050 Wien, www.tierschutzverein.at

BPT – Bundesverband praktizierender Tierärzte e. V., www.smile-tierliebe.de
Über das Online-Tierärzteverzeichnis des BPT finden Sie Tierärzte in Ihrer Nähe.

Fragen zur Haltung von Hunden beantworten
Ihr Zoofachhändler und der Zentralverband Zoologischer Fachbetriebe Deutschlands e. V. (ZZF), Tel. (06 11) 44 75 53 32 (nur telefonische Auskunft möglich: Mo 12–16 Uhr, Do 8–12 Uhr), www.zzf.de

REGISTRIERUNG VON HUNDEN

Wer seinen Hund vor Tierfängern und dem Tod im Versuchslabor schützen will, kann ihn hier registrieren lassen.

Deutsches Haustierregister,
Deutscher Tierschutzbund e. V.,
Baumschulallee 15, 53115 Bonn,
www.deutsches-haustierregister.de

TASSO e. V., Abt. Haustierzentralregister,
65784 Hattersheim am Main,
Tel. (0 61 90) 93 73 00, www.tasso.net,
E-Mail: info@tasso.net

Internationale Zentrale Tierregistrierung (IFTA),
Weiherstr. 8, 88145 Maria Thann,
Tel. (00 800) 43 82 00 00 (kostenlos),
www.tierregistrierung.de

KRANKENVERSICHERUNG

Uelzener Versicherungen, Postfach 21 63, 29511 Uelzen, www.uelzener.de

AGILA Haustierversicherung AG,
Breite Str. 6–8, 30159 Hannover, www.agila.de

Fast alle Versicherungen bieten auch Haftpflichtversicherungen für Hunde an.

ZEITSCHRIFTEN

Der Hund. Deutscher Bauernverlag GmbH, Berlin

Partner Hund. Gong Verlag, Ismaning

Das Deutsche Hundemagazin. Gong Verlag, Ismaning

Unser Rassehund. Hrsg. Verband für das Deutsche Hundewesen e. V., Dortmund

Dogs. Gruner + Jahr, Hamburg

HUNDE IM INTERNET

www.die-schaeferin.de Homepage der Autorin und Schäferin Anne Krüger

www.ferien-mit-Hund.de Urlaub und Reisen mit dem Hund, Ferienwohnungen

www.graue-schnauzen.de Vermittlung von älteren Hunden

www.haushueter.org Urlaubsbetreuung

www.hunde.com Infos rund um den Hund

www.hundezeitung.de Neues über Hunde

www.tierfreund.de Tierforum

www.tiermedizin.de Infos und Wissenswertes zu tiermedizinischen Fragen

BÜCHER, DIE WEITERHELFEN

Bindernagel, Daniel/Krüger, Eckard/Rentel, Tilman/Winkler, Peter (Hrsg.): **Schlüsselworte. Idiolektische Gesprächsführung in Therapie, Beratung und Coaching.** Carl-Auer-Systeme Verlag

Dahl, Dorothee: **Graue Schnauzen. Gute Zeit mit alten Hunden.** Cadmos Verlag

Feddersen-Petersen, Dorit: **Hunde und ihre Menschen.** Franckh-Kosmos Verlag

Hegewald-Kawich, Horst: **300 Fragen zur Hundeerziehung.** Gräfe und Unzer Verlag

Hegewald-Kawich, Horst: **Hunderassen von A bis Z.** Gräfe und Unzer Verlag

Krüger, Anne: **Besser kommunizieren mit dem Hund.** Gräfe und Unzer Verlag

Krüger, Anne: **HarmoniLogie, der Weg in die gelungene Partnerschaft.** Der Basisfilm. Bezug über: www.die-schaeferin.de

Krüger, Anne: **Faszination Border Collie – Die Ausbildung der Arbeitshunde am Vieh.** Kynos Verlag

Krüger, Anne: **Faszination Border Collie. Teil 1 und Teil 2.** Lehrfilme. Bezug über: www.die-schaeferin.de

McConnell, Patricia B.: **Das andere Ende der Leine.** Kynos Verlag

Stein, Petra: **Naturheilpraxis Hunde.** Gräfe und Unzer Verlag

Trumler, Eberhard: **Mit dem Hund auf du.** Piper Verlag

BILDNACHWEIS

Die Fotos auf den Seiten 64 und 70 stammen von Nicoletta Gavar. Alle anderen Bilder in diesem Buch wurden von Angela Kraft fotografiert (→ Kasten, Seite 160).

WICHTIGE HINWEISE

Die Lektionen in diesem Buch sind für gesunde, normal entwickelte Hunde gedacht. Manche Lektionen können für Tiere mit körperlichen Einschränkungen aufgrund der sportlichen Belastung schädlich, andere durch die Gymnastizierung wieder nützlich sein. Wenn Sie nicht sicher sind, ob die Übung für Ihren Hund geeignet ist, fragen Sie bitte Ihren Arzt oder Physiotherapeuten. Grundsätzlich sollte keine der sportlichen Lektionen mit vollem Magen durchgeführt werden.
Auch gut erzogene und sorgfältig beaufsichtigte Hunde können Schäden an fremdem Eigentum anrichten oder gar Unfälle verursachen. Ein ausreichender Versicherungsschutz ist in jedem Fall dringend zu empfehlen.

Freude am Tier

GU Tierratgeber – damit Ihr Heimtier sich wohl fühlt

ISBN 978-3-8338-1367-2
192 Seiten

ISBN 978-3-8338-1803-5
144 Seiten

ISBN 978-3-7742-5771-9
256 Seiten

ISBN 978-3-8338-1195-1
64 Seiten

ISBN 978-3-8338-0595-0
64 Seiten

ISBN 978-3-8338-1173-9
256 Seiten

Das macht sie so besonders:

Rat vom Experten – bestens informiert

Gut versorgt – von Anfang an

Tolle Ideen – mit Wohlfühlgarantie

GU

Willkommen im Leben.

DIE FOTOGRAFIN

Angela Kraft ist seit frühester Jugend von Natur und Tieren fasziniert. Für die Tierfotografin ist ihr Beruf zur Berufung geworden. Neben ihrer Tätigkeit als Pressesprecherin im Wildpark Lüneburger Heide betreibt sie ihre eigene »Tierfotoagentur Lüneburger Heide«, die sich auf Tierfotografie, Tiergeschichten und Reportagen spezialisiert hat. Zahlreiche ihrer Veröffentlichungen findet man in namhaften Zeitungen, Magazinen und Büchern. Ihre Freizeit verbringt Angela Kraft gerne mit ihren Schäferhunden Kira und Mo und genießt die ausgedehnten Spaziergänge mit den beiden, wobei die Kamera selten fehlen darf. Tierfotos von Angela Kraft im Internet unter: www.kraft-foto.de und http://flickr.com/photos/kraft-foto/sets

Foto: Tanja Askani

IMPRESSUM

Umwelthinweis: Dieses Buch ist auf PEFC-zertifiziertem Papier aus nachhaltiger Waldwirtschaft gedruckt. Um Rohstoffe zu sparen, haben wir auf Folienverpackung verzichtet.

Projektleitung: Anita Zellner
Lektorat: Christiane Manz für bookwise GmbH, München; Heike Schmidt-Röger, Herborn
Bildredaktion: Petra Ender
Umschlaggestaltung und Layout: independent Medien-Design, Horst Moser, München
Herstellung: Susanne Mühldorfer
Satz: Ludger Vorfeld
Reproduktion: Longo AG, Bozen
Druck: Firmengruppe APPL, aprinta druck, Wemding
Bindung: Firmengruppe APPL, m.appl, Wemding

Printed in Germany

ISBN 978-3-8338-2293-3

1. Auflage 2011

Syndication: www.jalag-syndication.de

Unsere Garantie

Alle Informationen in diesem Ratgeber sind sorgfältig und gewissenhaft geprüft. Sollte dennoch einmal ein Fehler enthalten sein, schicken Sie uns das Buch mit dem entsprechenden Hinweis an unseren Leserservice zurück. Wir tauschen Ihnen den GU-Ratgeber gegen einen anderen zum gleichen oder ähnlichen Thema um.

Liebe Leserin und lieber Leser,

wir freuen uns, dass Sie sich für ein GU-Buch entschieden haben. Mit Ihrem Kauf setzen Sie auf die Qualität, Kompetenz und Aktualität unserer Ratgeber. Dafür sagen wir Danke! Wir wollen als führender Ratgeberverlag noch besser werden. Daher ist uns Ihre Meinung wichtig. Bitte senden Sie uns Ihre Anregungen, Ihre Kritik oder Ihr Lob zu unseren Büchern. Haben Sie Fragen oder benötigen Sie weiteren Rat zum Thema? Wir freuen uns auf Ihre Nachricht!

Wir sind für Sie da!
Montag – Donnerstag: 8.00 – 18.00 Uhr;
Freitag: 8.00 – 16.00 Uhr
Tel.: 0180-5 00 50 54*
Fax: 0180-5 01 20 54*
E-Mail: leserservice@graefe-und-unzer.de
*(0,14 €/Min. aus dem dt. Festnetz/Mobilfunkpreise maximal 0,42 €/Min.)

P.S.: Wollen Sie noch mehr Aktuelles von GU wissen, dann abonnieren Sie doch unseren kostenlosen GU-Online-Newsletter und/oder unsere kostenlosen Kundenmagazine.

GRÄFE UND UNZER VERLAG
Leserservice
Postfach 86 03 13
81630 München

GRÄFE UND UNZER
Ein Unternehmen der GANSKE VERLAGSGRUPPE